习惯力

[日]小宫一庆 著

张慧 译

青岛出版集团 | 青岛出版社

ビジネスマンのための「習慣力」養成講座
小宮一慶
BUSINESSMAN NO TAME NO "SYUKANRYOKU" YOUSEIKOUZA
Copyright © 2018 by Kazuyoshi Komiya

Original Japanese edition published by Discover 21, Inc., Tokyo, Japan
Simplified Chinese edition published by arrangement with Discover 21, Inc.
through Chengdu Teenyo Culture Communication Co.,Ltd.

山东省版权局著作权合同登记号　图字：15-2024-257 号

图书在版编目（CIP）数据

习惯力 /（日）小宫一庆著 ; 张慧译 . -- 青岛 :
青岛出版社, 2025.7. -- ISBN 978-7-5736-3002-5
Ⅰ. B842.6-49
中国国家版本馆 CIP 数据核字第 2025426SA4 号

书　　名	XIGUANLI 习惯力
著　者	［日］小宫一庆
译　者	张　慧
出版发行	青岛出版社
社　　址	青岛市崂山区海尔路 182 号（266061）
本社网址	http://www.qdpub.com
邮购电话	0532-68068091
策　　划	杨成舜
责任编辑	刘　迅
封面设计	光合时代
照　　排	青岛新华出版照排有限公司
印　　刷	青岛双星华信印刷有限公司
出版日期	2025 年 7 月第 1 版　2025 年 7 月第 1 次印刷
开　　本	32 开（880mm×1230mm）
印　　张	5.375
字　　数	76 千
印　　数	1-5000
书　　号	ISBN 978-7-5736-3002-5
定　　价	39.00 元

编校印装质量、盗版监督服务电话：4006532017　0532-68068050
本书建议陈列类别：心理自助　职场励志　经济管理

编校印装质量服务

習慣力

前言

在由我担任顾问的企业中,有一家叫"神奈川NABCO"的自动门安装和维修公司,这是一家我在我的书中多次提到过的优秀公司。

为什么说它优秀呢?因为它的员工有时要在夜间进行自动门定期安全检查,有时要在假日紧急维修自动门,尽管工作十分辛苦,但员工的离职率极低。

不仅如此,这家公司的员工总是充满干劲儿,为了让客户满意,他们总是思考"我还能做些什么"并且将思考的结果付诸行动。他们这种发自内心的敬业精神,甚至让一些客户在付款时多支付了维修费。

在大多数公司里,总会有那么一两个员工忘记或忽略了公司规定,导致自己被客户投诉,但这种情况在这里极为罕见。

神奈川县的NABCO公司的服务理念已经深深融入每位员工的日常工作中，他们自然地将其视为一种习惯。尽管与普通公司相比，他们在许多方面的表现都很出色，但今年我被要求在这家公司进行的培训主题却与"养成好习惯"有关。

这次培训的主题是"让良好行为成为习惯"。在培训中，员工们都围绕这个主题进行了讨论，并发表了自己的看法。听着这些发言，我萌生了写一本关于"习惯力"的新书的念头。

许多人觉得养成好习惯非常吃力，而摆脱不良习惯更加困难。这让我再次意识到培养习惯力的重要性。同时，我也意识到，培养习惯力需要遵循一定的规律，掌握相应的技巧。

正是这种想法促使了本书诞生。

有些人会有这样的疑问：为什么别人总能迅速养成好习惯，而我却不行？

虽然这么说可能有点儿自夸，但我对自己的"习惯力"还是挺自信的。正如我经常提到的那样，我有几个坚持多年的习惯，其中之一就是写日记。我通常三年用完一本日记本，我现在用的日记本已经是第九本了。写日记的习惯,我已经坚持了二十六年。

我开始写日记的契机要追溯到许多年前。有一天,我在报纸上看到一篇报道,一位知名女演员说,她写日记的习惯已经坚持三年了。读完那篇报道之后,我想:"那我也试试吧。"于是,我就开始每天坚持写日记了,一开始就停不下来了。日记本十分厚重,出差时无法携带,我总是在出差结束回家后把没有写的日记补上,因此,日记一天都没有落下。

而且,我在家里的时候,每晚临睡前一定要读几页松下幸之助的《道路无限宽广》,每次读四页到六页。就算喝得醉醺醺地回家,我也会在睡前读几页。这样一年下来,这本书我能读五遍。我已经坚持了二十多年,相当于读了这本书一百遍以上。

此外,我还养成了许多其他习惯,比如,每天做拉伸运动和看报纸。许多人做事总是"三天打鱼,两天晒网",说实话,我不太理解他们为什么不能坚持做一件事。他们为什么不能将一些好习惯坚持下去呢?为什么有些人做不到,而有些人可以做到?我想探究其中的原因。

此外,我也想了解如何培养习惯力以及培养习惯力的要点和方法是什么。

1."好习惯加零点一分,不良习惯减零点一分"的"累加"

"习惯"是通过一系列小的行动积累形成的。在吃饭前洗手,在听别人开会发言时做笔记,是习惯。吸烟,酗酒,也是习惯。这些行为单独来看都是些细微的小事,它们的好处和坏处并不会立即显现出来。因此,人们往往会觉得这些事,做了也好,不做也罢;戒了也行,不戒也无所谓。

但是,如果好习惯长期坚持下去,就会积少成多。比如,假设一个好习惯每天能加零点一分,那么,时间一长,分数累加起来,就能达到几百分甚至几千分。相反,如果一个不良习惯每天减零点一分,那么,分数累加起来,也会达到负的几百分甚至几千分,这样就会给有不良习惯的人造成巨大的负面影响。两者之间的差距是相当大的。

有位顾问公司的社长曾用评价公司的"分数"来表达这个意思。他说:"你认为每天积累的'加一分'在二十年或三十年后会给企业带来多大的影响呢？"让我们做能给公司"加一分"的工作吧。时间一长，我们就能见证"习惯力"。

说到习惯，我们通常会想到行动上的习惯，其实，也存在"思维方式的习惯"。比如，有些人总把事往坏处想，有些人有"拖延症"等。这样一来，这些人面对的问题，就不是简单的"累加"而是"累乘"了。一个人即使有许多好习惯，但若他的思维方式是消极的，那么这些好习惯也会变成巨大的负担。

2."习惯"不是自然形成的，需要努力才能形成，这就是所谓的"习惯力"

像我这种能长期保持好习惯的人，也不是毫不费力就能坚持写日记和坚持做拉伸运动的。小孩子能自己刷牙和洗澡，也是父母教出来的。开车时，有经验的司机察觉到危险，会立刻松开油门，踩刹车，这也是因为他已经形成了习惯，条件反射地给出反应，刚开始开车时，他大概也做不到这些。这是他经过反复练习才做到的。

养成好习惯是需要付出努力的。

所谓有习惯力的人,就是能用尽可能少的努力掌握养成好习惯的方法的人。**养成好习惯也有技巧。**本书的目的就是传授这些技巧。

3. 好习惯是自我成就的基础

当然,吃饭、长时间坐着不动等行为,一开始是不需要努力就能自然重复的。

马斯洛需求层次理论中最底层是"生理需求"层次,这一层次的事,为了生存,每个人都会自然而然地去做。

接着是"安全需求"层次,大多数人都会本能地保护自己的安全,但并不是所有人都能不经过努力就可以做到。

接下来是"爱与归属感的需求"层次,满足这个层次需求的行为习惯,比如打招呼、及时回复电子邮件等,不会自然而然地形成,需要人们经过一定的努力才能养成。

然而,到了"尊重需求"层次,人们要满足这个

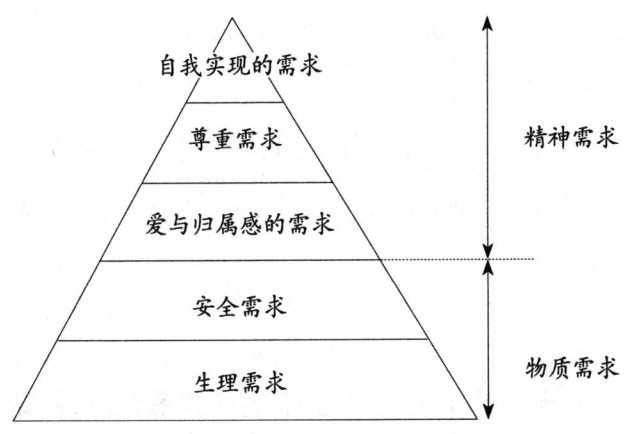

马斯洛需求层次理论

层次的需求,要付出的努力就更多了。

随着需求层次的提高,人们所需付出的努力也会增加。 为了达到"尊重需求"这一层次,人们需要有能够获得他人认可的行动和成果。

更进一步,为了满足最顶层的"自我实现的需求",努力养成良好习惯是必经之路。"自我实现的需求"是指"成为更好的自己",没有习惯的力量,这是很难实现的。

希望您读完这本书后,能够掌握一些养成好习惯的小技巧,每天进步一点点,最终实现翻天覆地的改变。

4. 无论是个人还是公司,习惯未养成时,都需要约束力

我在前文中提到了一家名为神奈川 NABCO 的公司,在这家公司里,几乎所有的跑业务的员工都会在上班时间之前到达公司,把自己要驾驶的业务用车擦得锃亮之后,再去拜访客户。这已经成为一种自然的习惯,因此,领导者不需要逐个提醒员工"早

上早点儿来"或者"开着那么脏的车去拜访客户,对客户不礼貌"。也没有员工因此抱怨,相反,大家擦车时都很愉快。

甚至还有一些年轻人说:"工作很有趣,想早点儿来公司。"

然而,神奈川NABCO公司不是一开始就是这样的。

我刚开始给这家公司当顾问的时候,也曾说过这样的话:"开着那么脏的业务用车去拜访客户,客户会不高兴的。"经过一段时间的努力,这家公司才变成现在这样。这并不是顾问的功劳,而是公司领导者和员工共同努力的结果。

那么,这家公司是怎么做的呢?公司员工每人每月都要设定目标,自我评估工作成果,他们的上司也会对这些工作成果进行评价,这样不断地循环。社长和高管也会为每个员工(这家公司共有一百五十名员工)写下简短的评论。由此可见,在培养习惯力的过程中,"被看见"也能起到约束和激励的作用。

起初,我们设定的目标是让员工做可以让客户感到愉快的事,最近,我们也在努力让员工使周围的同事感到愉快,并且在工作中有创新。顺便说一下,我认为,"让客户愉快""让周围的同事愉快"和"有创新"这三个要素是构成"做好工作"的三个要素。

在前些天的培训中,我做了如下发言:

"我所在的公司的停车场很小,所以早去的人必须把车停在最里面。这样一来,等后来的同事把车停进停车场之后,早去的人的车就开不出来了。我想早点儿开车离开,也无能为力,只能把车停在那里,乘坐别的交通工具离开。第二天,我到公司一看,发现有人把我的车移到了最外面。至今我也不知道这是谁做的。

"听了这个故事,你们感到很惊讶,对吧?让客户感到愉快,让周围的同事感到愉快,设定目标并不断努力和创新,这正是我们公司的企业文化,它已经在大家的心中根深蒂固了,成了员工们的习惯。"

因此,我建议公司领导者,让员工每人每月都设定目标并对其进行评估,领导者对这些评估进行点评。而且,这些事需要反复执行。对大部分人来说,激励别人比自律更困难。

通过坚持不懈的努力，公司的员工逐渐养成了良好的习惯。后来，公司的业绩提升了，公司也变得更好了。

当然，刚开始时，有些员工有抵触情绪，但随着时间的推移，这种情绪逐渐减少了。这样一来，员工们坚持做这些事就变成了理所当然的，不去做甚至会感到不舒服。做到这一步，习惯基本上就已经养成了。

无论是个人还是公司，在培养好习惯的过程中都会遇到抵触情绪，有时候，这会使我们觉得养成好习惯很难。但是，只要我们能坚持下去，最终会习惯成自然，不去做甚至会感到不舒服。

良好的习惯能够创造美好的人生，也能打造优秀的公司。

5. "知道"和"做到"截然不同

你阅读这本书，可能是出于以下这些原因：

（a）虽然我想开始做点儿什么，但总是坚持不下去，我想知道让自己坚持做某事的技巧。

（b）无论公司、部门还是小团队,都会设定行动目标并试图去实现它,但有时难以达成,稍微不注意,就前功尽弃。这是因为领导者的领导力不够吗?我想知道有没有好方法改变这种状况。

（c）我想让孩子养成一些好习惯,但孩子怎么都坚持不下来。

无论你面对哪种情况,我相信你一定能在这本书中找到解决方法。

或许,你已经知道了这些问题的解决方法,但是,"知道"和"做到"之间的差距还是很大的。如果你还没有"做到",那就不能说你真的"知道"。本书的目的不仅仅是让你了解"习惯力"的重要性,更是要让你真正驾驭"习惯力"。

《论语·雍也》中有这样一句话:"知之者不如好之者,好之者不如乐之者。"这里"知之者"与"好之者"的区别在于,我们不仅要知道某件事,还要喜欢做某件事。

养成习惯力对我们的工作和生活来说非常有益。"好之者"和"乐之者"之间的差别,我认为是实践上的差别。尝试去做,并从中找到乐趣。读完本书,请你从第二章中关于培养习惯力的步骤1开始练习。

如果这本书能让读者养成好习惯,那么,作为作者,我将感到非常荣幸!

希望您能愉快地读完本书!

目录

前　言 ·· 001

第一章　有"习惯力"的人和没有"习惯力"的人 ···· 001
 1. 培养"习惯力"的六个要点 ····················· 003
  ①充分享受其好处 ······························· 003
  ②有约束力 ······································· 008
  ③融入日常生活 ·································· 013
  ④有可以切磋较量的伙伴 ······················· 018
  ⑤受人关注 ······································· 020
  ⑥有志向 ·· 023
 2. 把"做不到"变成"做得到"的七要素 ········· 024
  "做不到"的理由之一：目标缺乏短期必要性 ····· 025
   ①设定阶段目标，确保每个阶段目标完成后都能获

得成就感···026
"做不到"的理由之二：没有长期目标··········028
②为了实现长期目标，我们需要将它细分为具体的阶段目标，并在每个阶段确认成果，以便在获得成就感的同时推进工作·······················030
"做不到"的理由之三：忘记目标·················031
③将目标写在显眼的地方······························032
④把写着需要做的事的便签和做某事所需的物品放在显眼且触手可及的地方·······················033
"做不到"的理由之四：缺乏约束力·············034
⑤是否对当事人施加了足够的约束力？·········035
⑥团队的气氛是否过于融洽？······················035
"做不到"的理由之五：认为即使不去做也没关系···036
⑦拥有志向和使命感····································037

第一章总结···039

第二章　养成习惯力的具体方法··············041
1. 阶段一：利用约束力，让自己开始做某事·······046
步骤1：无论如何先开始······························046
①一旦开始做，事情就完成了一半·············046
②为他人着想···047

③公开宣布目标……048
④设定好期限……050
⑤和伙伴一起努力……052
⑥提前设定不必这样做的条件……052
⑦考虑不能做时的备用方案……054
⑧不要过度努力……055
步骤2：不要忘记行动并坚持下去……056
①将目标写好并放在显眼的地方……056
②与伙伴一起检查计划进度……058
③在同一时间、同一地点，做同样的事……058
步骤3：感受好处……060
①设立短期目标并体验成就感……060
②设立有益的目标……062
③与伙伴分享成功和失败……063
④想象达成目标时的情景……065
⑤想象未能达成目标时的糟糕情景……065

2. 阶段二：无意识地做某事……067
步骤4：不做就觉得心里不舒服……067
步骤5：无意识地做某事……067
①做自己喜欢的事，让自己沉浸其中……067
②达成目标后奖励自己……069
③偶尔宠爱自己……070

第二章总结 ·· 071

第三章　成功人士的习惯 ································ 075
1. 要养成的成功人士的习惯 ························· 078
①在一天结束时，进行回顾和反思 ············ 078
②做笔记 ·· 080
③主动打招呼 ······································ 082
④立即回复电子邮件 ···························· 087
⑤养成良好的健康习惯 ························· 088
⑥整理房间 ··· 091
⑦列出待办事项清单，并确定优先级 ········ 094
⑧保持笑容 ··· 097
⑨读书与学习 ······································ 100
⑩技巧与时间管理 ································ 104
⑪输出 ··· 108
⑫早起 ··· 111
⑬积极思考 ··· 115
⑭让别人开心 ······································ 119

2. 为了成为最好的自己，应该改掉的习惯 ······ 120
①熬夜 ··· 120
②暴饮暴食 ··· 121
③早上玩手机游戏 ································ 123

④过度使用社交媒体……………………………125
⑤拖延……………………………………………125
⑥说别人坏话……………………………………126
⑦消极思考………………………………………128
⑧敷衍了事………………………………………129

  第三章总结：习惯养成检验表……………………132

后　记……………………………………………137

第一章

有"习惯力"的人和
没有"习惯力"的人

1. 培养"习惯力"的六个要点

究竟在什么情况下，人们能够将做某事变成自己的习惯呢？这里的"某事"可以是任何事。但是，既然人们想将做某事变成自己的习惯，那它一定是对工作或生活有益的事。

根据我从参加过的研讨会中收集的意见，我将要点总结如下：

① 充分享受其好处

这里所说的好处，不仅仅是最终的结果带来的好处，还有在做某事的过程中能够感受到的好处。比如跑步，如果我们在跑步时感到心情愉快，那么我们会自然地养成跑步的习惯。如果我们在跑步的过程中心情越来越好，我们可能会延长跑步的时间。

这就是心理学上所说的"强化"。

这样坚持下去,我们的心情会越来越好,并且能切实感受到自己的体质在增强。换句话说,我们能够享受体质增强这一好处。

我在前言中提到,我有个习惯,就是每天晚上睡觉前读《道路无限宽广》中的两三节。我已经坚持这个习惯二十多年了,我究竟读了这本书多少遍呢?我想应该已经超过一百遍了吧。朋友们常对我说:"你能坚持下来,真不容易!"其实,这样做对我是有实际好处的。

那么,我为什么要每天读这本书呢?

在二十世纪的日本,松下幸之助无疑是最成功的企业家之一。作为公司的经营顾问,我很想学习他的思维方式。

在我参加某个会议并需要在会议上作出判断的时候,我希望自己能够像他那样作判断。这个想法促使我养成了这个习惯。

现在,我在六家公司担任社外董事(公司外部人员担任的董事),在五家公司担任顾问,同时也在经营着自己的公司(一家只有十二名员工的小公司),

我深深地感受到这个习惯给我带来的好处。作为一名公司经营顾问,每天阅读《道路无限宽广》使我受益匪浅。当然,这个习惯也使我从每天发生的事中得到启示,并反省自己的行为。

遇到一些事情时,我常常会想,如果松下幸之助遇到这种情况,他会怎么想呢?当然,我不可能背诵整本书,也不知道自己能否像他一样作判断,我只是按照我对松下幸之助理念的理解来作判断。

现在,我体会到了这样做更加实际的好处。我经常在各种演讲上说起自己睡前阅读松下幸之助的书的事,这件事传播开去,许多杂志的编辑会在策划松下幸之助特辑时来采访我。

出版《道路无限宽广》的出版社为纪念这本书的销量突破五百万册,特别推出了非卖品的《道路无限宽广(特别版)》。这本书的编辑在亲笔附言中写道:"献给全日本读《道路无限宽广》次数最多的小宫先生。"这位编辑还将这本特别版的书送给了我。

我不知道自己是不是全日本读这本书最多的人,但由于我读了这本书许多年,因此,如果有人突然开始读这本书并要跟我比试一下对这本书的理

解,那么,我绝对不会输给他!(笑)

我发现,坚持阅读这本书使我受益良多。

因此,我希望大家都能坚持好习惯。坚持好习惯的初期,我们可能会觉得好习惯给我们带来的好处有限,但随着时间的推移,我们就会发现,好习惯会给我们带来越来越多的好处。

实际上,我们能在坚持好习惯的过程中感受到好习惯给我们带来的好处,这也意味着坚持好习惯带给我们的成果是显而易见的。

其实,这半年来,我一直在进行控糖减肥,效果显著,我的体重减轻了大约六千克,血压和血糖也降低了。

如果能够直接通过数值看到成果,那么我们就很容易受到鼓舞,养成好习惯。

对许多人来说,练习英语口语是很难坚持下去的事,因为短期内看不到成果。

比起练习英语口语,托业考试的培训学习更容易坚持,因为我们可以在学习过程中通过测验分数了解自己的学习情况。这时候,我们最好记录下这些分数。

顺便说一下，我每天都会像写日记一样记录体重，在洗澡前测量体重，然后把它记在日记里。看到数字，我们坚持下去的动力也会增加。这就像喜欢打高尔夫球的人会记录自己打高尔夫球的分数一样。

还有一点很重要：**我们必须考虑如何平衡好处与痛苦。**

如果做某事的痛苦过于巨大，那么我们就很难将这件事坚持做下去。

我们能否将做某事坚持下去，取决于我们能感受到的做这件事的好处（包括现在能感受到的好处和未来能感受到的好处）与痛苦的平衡。因此，如果能得到像"测试成绩立即提高"这样眼前能看到的好处，我们就更容易坚持下去。

此外，顶尖运动员能够忍受极其艰苦的训练并坚持下去，是因为他们想象着将来的巨大好处，比如参加奥运会并获得金牌。

让平常不跑步的人突然跑五千米，他会觉得痛苦大于好处，自然就想放弃。此时，让他坚持下去的关键是要降低他的痛苦程度，比如，刚开始训练的时候先跑一千米。

因此,在坚持做某事的过程中,我们必须考虑如何平衡好处与痛苦。

也就是说,**如果我们想要将做某事坚持下去,那么放大好处比减少痛苦更为重要。**

因此,关键是要具体地想象出短期的好处和长期的好处。如果这些好处还不够充分,那么我们就需要试着减少痛苦。

尽管如此,我们需要深刻认识到,大多数习惯需要我们坚持大约两周的时间才能看到成果。

在这两周里,如果我们能坚持下来,那么我们所坚持的事就会变得有趣并使我们能够坚持下去,但如果连两周都坚持不下来,那么我们很难得到成果。

② 有约束力

比如,为何莱札谱[①]会如此受欢迎,那是因为许多人都在那里减肥成功。

我从几个在那里办过会员的熟人处听说,莱札

---

① RIZAP,日本知名连锁健康馆。

谱似乎已经形成了一种非常严格的"跟进"机制,更准确地说,是一种极其严苛的"约束"机制。它的会员必须通过电子邮件向它汇报自己吃过的所有东西,而且对方也会不断地发电子邮件询问会员的情况。这样一来,它的会员会感觉到自己时刻"被监视"。

但是,如果没有这样的减肥约束力,许多人很难将减肥坚持下去。相反,那些有习惯力的人,即使没有外部力量的约束,也能对自己施加约束力。

尽管我在一定程度上能够约束自己,但并非完全自律。因此,外部的约束力可以帮助我们更快地养成好习惯。

就我个人控制糖分摄入的情况而言,医生给我施加的压力也成了一种"约束力"。

我在一家医院定期进行血液检查,由于我的血糖和血压都偏高,那家医院的医生警告我:"如果这样下去,你以后的身体状况会越来越糟糕。"医生的话让我感受到了巨大的压力,也感受到了巨大的约束力。作为应对措施之一,医生建议我在短期内控制糖分的摄入。

大约两周后，我的体重真的减轻了，三个月后，我的血液检查结果的各项指标也趋于正常了，后来，即使没有医生的约束，我也能够继续坚持控糖。不过，严格控制一个人的糖分摄入，可能会导致此人的肌肉量减少，大脑供糖不足，反而对健康不利，因此，现在我不像以前那样刻意控糖了。即使如此，与过去相比，在不知不觉中，我对甜食和米饭的摄入量还是自然地减少了。

无论是加入莱札谱减肥，还是控制自己的糖分摄入，约束力确实对我们的行为起到了约束的作用。我还有另一个养成好习惯的技巧，那就是让自己感受到某种习惯的"好处"。在莱札谱的案例中，通过电视等媒体不断看到减肥成功人士的照片和视频，我们可以更容易地感受到自己未来可能获得的好处，这有助于缓解减肥的痛苦。

当我开始控制糖分摄入时，通过阅读相关书籍，我能够在一定程度上想象自己几个月后的状态，并强烈地感受到这样做对自己未来的好处。这实际上是一个非常巧妙的方法。

以我之前提到的准备托业考试为例，除了升职或海外工作调动制造的约束力外,我们还可以通过想象自己在海外工作或留学的情景,或者通过与从海外归来的人交谈等方式来感受它未来会带给我们的好处。

因此,到目前为止,我们要深刻地认识到:**习惯不会自然形成,它的形成需要一个契机,那就是我们要有一个对现在或将来的利大于弊的目标,并且需要有约束力来促使它达成。**

如果父母不加干涉,许多孩子不会主动刷牙,不会主动整理鞋子,不会主动跟别人打招呼。随着年龄的增长,孩子会逐渐意识到主动做这些事的好处,但在他们还小的时候,他们只知道按照父母的要求去做事,可以避免被责骂。这虽然有些消极,但也算是一种好处。

在组织中培养习惯,需要有好处和约束力相结合的机制。

在公司里,为了提高业绩,公司管理者发布了员工个人应该遵守的行为准则,为了让这些行为成为习惯,在每个员工的身上"扎根",刚开始培养习惯的时候,管理者一定要给员工一种约束力,并告知员工这样做的好处。

公司管理者需要让员工很容易地想象出这些行为能带给他们的实际好处,同时,还要引入发挥约束力的机制。

例如,奖罚分明就是一种约束力机制。若员工获得了一定的成果,管理者就应该在奖金等方面给予一定的奖励。

我认为,"被表扬,被感谢"对个人来说是能立即感受到的巨大好处。就像刚才提到的神奈川NABCO公司的例子那样,以"让客户愉快""让周围的同事愉快"和"有创新"这三个要素为主导,只要采取一定的行动,员工就能立即从客户或周围的同事那里得到表扬和感谢。

此外,在约束力方面,让管理者或同事检查员工的工作情况也是一个好方法。当管理者在关注你,同事们对你的事感兴趣,整个团队都在朝着一个目标努力时,你就不得不尽心尽力地工作了。

在神奈川NABCO公司,员工也要被"监督",在每月的目标表上,不仅有员工的自我评价,也有公司管理者的点评。这意味着每一个员工都在被关注。

同时，因为这是整个团队的任务，所以谁也不能不做。**做这件事的好处大于坏处。**

将目标告诉家人和朋友，让他们帮忙监督自己也是一种约束。成年人尤其不想在小孩子面前丢脸，对吧？

约束力不仅来自亲友或公司管理者施加的压力，也来自我们个人内心的危机感和责任感等因素。

要让好习惯长期坚持下去，创造一个可以自然地坚持下去的环境很重要。

通过观察那些具有习惯力的人的行为模式，我们可以进一步探讨养成好习惯的方法。

有好习惯的人有一个共同点，那就是将要坚持的事融入自己的日常生活。

③ 融入日常生活

写日记和阅读《道路无限宽广》已经成为我的睡前习惯，因此，在其他时间里，我不会写日记，也不会阅读这本书。同样，阅读《日本经济新闻》这份报纸也融入了我的日常生活。

早上,在乘坐小田急线①并换乘总武本线前往四谷站的这段时间里,我会阅读《日本经济新闻》。如果早上要赶飞机,我需要乘出租车去东京国际机场,那么我会在出租车上阅读《日本经济新闻》,但那样我确实无法静下心来。

总之,(a)提前决定好做某事的时间和地点十分重要。

这样一来,作为一种日常的行为模式,做某事时间久了,自然而然就会变成一种习惯,如果哪一天没有做这件事,我们就会感到不舒服。到了该做这件事的时间却做不了,我们就会感到不安,这其实是一件好事。

在让员工或孩子养成某种好习惯的过程中,这一点非常重要。

对孩子来说,回家后要摆放好鞋子再进屋,吃饭前先洗手,吃饭时要坐在餐桌旁说"我要吃了"和"谢谢款待",吃完饭后立即到书桌前写作业,完成作业再出去玩耍等,都是通过决定做事的时间、顺序和

---

① "小田急线""总武本线"都是东京的新干线铁路线路,"四谷站"是日本东京都的一个车站。

地点来实现的。养成这些好习惯,同样需要约束力,而且,"玩耍"这种奖励也是在事后才能得到的。

同样,对经常出差的销售人员来说,乘坐新干线时检查给即将拜访的客户展示的资料,在脑海中进行模拟讲解,晚上在酒店的书桌前写每日汇报等,都是**在确定好的时间和地点进行的**。我喜欢在乘坐新干线时进行每两周一次的杂志稿件写作。如果没有要写的东西,那么我会进行日程检查或为演讲做准备。为演讲做准备,我通常只需要几分钟的时间,确认要讲的内容即可。

一开始,我们可以在执行计划表或笔记本上写下做某事的地点和时间,从制订计划阶段开始就想象自己正在执行这些计划。时间长了,即使我们不看计划表或笔记本,也能自然而然地去做这些事,这样一来,好习惯就养成了。

将新习惯融入日常生活的另一个关键点是(b)**把需要用到的东西放在显眼且触手可及的地方**。

例如,药物或保健品等,许多人很容易忘记服用。在这种情况下,我们可以把它们放在办公桌上。我们还可以在药物或保健品的旁边准备好饮用水,这样就不需要在服用的时候特地站起来倒水了。

如果想要让员工或孩子养成看到厨房或卫生间的水渍就立即用抹布擦拭的习惯，那么我们可以在水槽旁边放置一块专用的抹布。如果想让他们养成一有想法就立即做笔记的习惯，那么我们可以在公司里或家里的许多地方放置一些记事本和笔。

总之，请不要因为无法养成某个习惯而责怪别人或自己。在某种程度上，习惯力与毅力无关，能否创造一个容易养成好习惯的环境才是养成好习惯的关键。

实际上，在工作中养成好习惯要比在学习中养成好习惯容易得多，因为工作中有"约束力"和"好处"，比如得到工资，公司会根据业绩对员工进行评价，以及随之而来的地位和薪资的上涨或下降。

这也可以说是因为职场存在"竞争"，即使是对晋升竞争不感兴趣的年轻人，也会不自觉地将自己的境况与同期入职同事的境况进行比较。虽然员工之间竞争的气氛令人感到紧张，但如果公司鼓励同事之间多进行业务交流，那么这就会使员工尽快养成良好的工作习惯。

最近，我听一家公司的管理者说，在某个工厂里，年长的厂长退休后，两位年轻的代理厂长接替了他的工作，然而，原本平和的工作氛围发生了变化，工厂内部良性的竞争和相互学习的氛围增强了，生产效率大幅提高。

此外，许多项目都是由团队推进的，这就使团队本身具有了一种约束力，让大家都能意识到"不能因为个人原因给团队带来麻烦"。同时，这种环境也促进了团队成员之间相互学习，共同提高。职业棒球选手之所以那样刻苦训练，既是为了实现个人目标，实现团队的共同目标，也是为了自己不输给团队内外的竞争对手。

这同样适用于学习知识、练习技术、减肥等原本应该独自完成的事情。也就是说，**为了养成好习惯，我们可以找一些伙伴（同时也是良性竞争者）共同前进。**

我自己的学习经历就印证了这一点。高中一年级的时候，我的学习成绩不太好，但到了高中二年级，我有了五个学习伙伴，考试前，我们会一起学习。渐渐地，我的学习成绩提高了，我也感受到了学习的乐趣,成绩也越来越好了。

在我的学习伙伴中有一个可爱的女孩儿,我想在她的面前好好表现。也许,这是我成绩提高的主要原因。(笑)

因此,能养成好习惯的人的特征之一:有可以切磋较量的伙伴。

④ 有可以切磋较量的伙伴

即使身边没有可以切磋较量的伙伴,我们现在也可以通过社交软件,结识有共同目标的陌生人,创建小组,共同努力。

无论形式如何,拥有伙伴就意味着我们可以与他们进行良性竞争,与志同道合的人一起努力,在遇到困难时得到鼓励和支持。

在我的身边,有很多人参加学习小组或运动社团。他们这样不仅可以给自己一种约束力,还能让自己拥有一群志同道合的朋友。有些人在与伙伴一起完成疲惫的慢跑后,会与伙伴一起畅饮冰啤酒,增添生活的乐趣。

在职场上，管理者不应该试图统率一切，而是应该通过组建小团体，利用小团体本身的力量来推进目标，使其"习惯化"，这是一种很有效的管理方式。京瓷公司①提倡一种小团体管理模式，即"阿米巴经营管理模式"②。能使团队成员产生交流与竞争的氛围，能设定清晰易懂的目标，对使用这种经营管理模式的公司来说是十分重要的。

约束自己有以下两种方法。

公司管理者、教练、家长、教师的监督和指导，对我们来说，是一种强大的约束力。整个团队一起行动也有助于我们进行自我约束，而周围人的"评价"和"关注"，特别是"赞扬"和"期待"，对我们来说，实际上也是十分强大的约束力。这是第一种约束自己的方法。

如果你成了一名知名企业家，那么你为了让自己名副其实，就必须让自己的企业蒸蒸日上。如果你对亲朋好友说自己要减肥，那么为了不失面子，你

---

① 日本的一家高科技公司。
② 是将企业划分为独立核算的小型组织单元，通过全员参与和市场化的内部交易机制实现独立经营、持续改善的管理方法。

就必须坚持减到目标体重。

许多女演员之所以能够一直保持美丽,是因为她们总是受到周围人的关注和评价。也许她们中的一些人只是稍微胖了一点儿,网络上就会有人用"她太胖了"或"她的颜值下降了"等话语来评价她们。

因此,第二种约束自己较为有效的方法如下:在公司之类的环境中,员工们都公开自己的目标,并且在完成目标的过程中相互监督。

我的公司虽然是一个只有十二名员工的小公司,但是,每年四月,我们都会举行经营方针发布会。在会上,每个员工都要用大约五分钟的时间来阐述自己的计划和目标,我们还会分发相关文件。这样一来,每个员工得到的关注度和他们可以感受到的约束力都得到了提高。

⑤ 受人关注

如果说受到他人的关注是养成好习惯的方法之一,那么每个人都应该积极地营造一个自己容易被周围的人关注的氛围。

此外,正如我之前提过的,将体重、步行步数、工作业绩等记录在笔记本上,不仅可以让我们更直观地体会到好习惯带给我们的好处,而且,在某种程度上,这也意味着**我们在关注自己**,也可以说,这是我们在自我约束。

无论是组织还是个人,养成好习惯都是非常重要的事。

最后,我想说一下我认为最重要的事。

好处未必是我们不可或缺的,梦想和志向才是我们不可或缺的。

我们刚才讨论了"有实际好处的事情",但若只是为了赚钱,只是为自己谋取利益,那么,我们可能无法将好习惯长期坚持下去,最终会失去"目标"。

我们需要的不是单纯的好处,而是梦想和志向。

中国古典名著《尚书·周书·旅獒》中提到:"玩人丧德,玩物丧志。"意思是说,如果一个人不尊重他人的人格,凭借自己的权力和财富随意戏弄他人,就会失去做人的道德。如果一个人沉溺于自己喜好的事物之中,就会丧失进取的志气。

中国古典名著《孟子·公孙丑上》中提到:"夫

志,气之帅也。"

这句话的意思是,志向是人的意气情感的主帅。一个有坚定志向的人,做事就会有动力和毅力,也能长久坚持下去。

很久以前,我也曾有过提不起干劲儿来的时候,当时,我三十多岁。那时,我偶然遇到了一个名叫键山秀三郎的人,他是一位在日本全国进行清扫运动[①]的企业家。

他创立了一家上市公司"Yellow Hat"(小黄帽),受到许多中小企业家的仰慕。在与他交流的过程中,我说:"有时候,我觉得自己一点儿干劲儿也没有。"于是,他就在我的笔记本上写下了这句话:"夫志,气之帅也。"

一个人只要有崇高的志向,即使面对各种障碍,也能努力克服困难,坚持下去。而志向也是培养"习惯力"不可或缺的因素。

---

① 日本的环保活动。

⑥ 有志向

暂且不谈那些有远大志向的人,就普通人而言,我想不少人可能没有思考过关于自己的志向的问题。如果是这样,我们最好先思考一下自己在家人、朋友、公司、社会中的地位和作用,接着,我们可以思考一下有哪些事是我们力所能及的。这样的思考就是树立远大志向的第一步。

2. 把"做不到"变成"做得到"的七要素

到目前为止,我们已经通过对六个要点的探讨,说明了拥有"习惯力"的人"为什么能做到"这个问题。当然,即使不具备以上提到的六个要点,也能培养出习惯力,但尽可能满足更多的要点对培养好习惯更有利,这是不言而喻的。

现在,我们反过来思考一下那些没有"习惯力"的人"为什么做不到"。通过这样的分析,我们可以发现提高"习惯力"的关键点。

这些关键点也可以看作是阻碍好习惯养成的因素,因此我的叙述可能会有一些重复之处。如果大家能从中受益,我会非常高兴。

正如前文所述,好习惯并不是自然而然就能形成的。

因此,如果你发现自己总是难以坚持做某事,或者很难养成某个好习惯,那可能是因为你不了解养成好习惯的正确方法。

"做不到"的理由主要有以下五条:一、目标缺乏短期必要性。二、没有长期目标。三、忘记目标。四、缺乏约束力。五、认为即使不去做也没关系。

"做不到"的理由之一:目标缺乏短期必要性

对于那些想要做某事但总是坚持不下去的人来说,最显著的问题通常是他们想坚持做下去的事,对他们来说,**缺乏短期必要性**。这与"需求是行动之母"这句话的意思正好相反。

如果做某件事在短期内缺乏必要性,那么我们就会觉得眼下没有必要去做它。在这种情况下,尽管我们很清楚做这件事的长期必要性,但由于缺乏短期紧迫性,因此,我们会缺乏做这件事的动力。例如,有些人知道自己将来可能会被派往海外工作,目前却无法坚持学习英语。

解决这个问题的方法很简单。

我们要让自己在做某件事的过程中充分享受它

的好处,并将成果可视化,以此来创造它的短期必要性。

而且,正如我在前文中提到的,将"未来的"好处"可视化"也是很有效的方法。

如果需要学习英语,那么我们可以与从海外归来的同事交谈或者多阅读一些相关书籍,这些都是对我们自己很好的投资。

可视化非常重要。

所谓好处,并不总是指积极的结果。有时候,避免不好的结果也能成为我们坚持做某事的动力。我控糖减肥的经历就是一个例子。

为了更容易地感受到做某事短期的好处,我们可以采取一些具体的方法。

① 设定阶段目标,确保每个阶段目标完成后都能获得成就感

这种方法被广泛应用于教学。钢琴、武术、公文写作等课程的教学大都采用了这种分阶段设定目标的教学方法。

一个人做一件事,若长时间不见成效,得不到成果,那么,除非此人的忍耐力和意志力非常强,否则很难坚持下去。让一个正在学习打棒球的孩子每天挥棒五百次,这样坚持五年,结果会怎样呢?

五年后,他可能会成为一名优秀的击球手,但实际上,在达到那个目标之前,他可能已经放弃了。如果没有特别严格的父母或教练约束他,他是很难坚持下去的。不时地让他参加比赛,让他感受到挥棒练习的成果,他才更容易坚持下去。当然,带他去看职业棒球比赛,通过展示偶像选手的卓越表现,以此来激发他对未来的梦想,也是促使他坚持下去的有效方法。

当然,这不仅仅适用于青少年,成年人也是如此,甚至可以说,成年人可能更倾向于追求短期的好处。

因此,无论是工作、学习还是体育运动,优秀的指导者都非常擅长划分"阶段"。无论是学习象棋、单簧管、柔道,还是学习插花,都有明确的"级"或"段",唱卡拉OK也有评分。这种机制非常巧妙,太难或太简单都不行。**要让公司员工或学生在恰当的**

时机获得成就感,这样才能帮助他们养成好习惯。

短期的好处并不仅限于可以用数值或胜败来表示的成果,例如,成就感本身也是一种好处。因此,哪怕只是在每天完成任务之后,在日历上打一个钩,这对参与者来说,也是相当好的体验。

总之,人有了成就感,就会想继续前进。

"做不到"的理由之二：没有长期目标

即使人们知道做某事的长期必要性,也往往难以坚持做下去,这是因为他们感受不到做某事的短期必要性。然而,即使他们感受到了短期必要性,如果他们无法在短时间内获得做这件事的成果,那么他们同样很难坚持做下去。

因此,我认为,我们可以通过设定分阶段目标或者完成任务后在日历上打钩等方式来获得成就感。

但是,另一方面,一味追求立竿见影的效果也有弊端,这会使我们忽视长期目标。如果没有获得成果或成就感,那么我们就无法继续做下去。因此,如果只专注于这些而忽视了长期目标,那么我们最终还是无法坚持做下去。

比如,短期内恢复企业经济效益的最快方法就是通过裁员削减成本。但是,长期使用这种方法能否提高经济效益就另当别论了。光靠裁员来削减成本是无法从根本上提高企业的经济效益的。虽说这样做有一定的效果,但从长期来看,任何企业都无法一直使用这种方法来提高经济效益。

彼得·德鲁克[①]曾说过,"市场营销"和"创新"才是企业发展所需的关键要素。

他认为,市场营销中的"QPS",即质量(Quality)、价格(Price)和服务(Service),是企业生存和发展的关键因素。

首先,提供比竞争对手更好的产品质量、价格和服务,是企业的使命之一,也是企业发展的原动力。

此外,对企业来说,制度创新至关重要。制度创新指的是彻底改变公司的组织架构、制造流程和流通机制,只有这样才能称之为制度创新。虽然制度创新短期内可能看不到成果,但它对公司的长期发

[①] 彼得·德鲁克(Peter F.Drucker,1909-2005),著名的管理学大师,被誉为"现代管理学之父"。

展至关重要。

为了实现长期目标,我们需要将其细分为具体的阶段目标,并在每个阶段结束的时候确认成果,以便在获得成就感的同时推进工作。也就是说,虽然将目标和成果细分开来是不错的方法,但对我们来说,最重要的是不能失去长期目标。

② 为了实现长期目标,我们需要将它细分为具体的阶段目标,并在每个阶段确认成果,以便在获得成就感的同时推进工作

平衡短期目标和长期目标是非常重要的。

比如,有的女性为了在自己的婚礼上穿上漂亮的礼服而过度减肥,虽然她的目标达成了,但搞垮了身体导致住院,这显然是不值得的。对我们来说,长期的身体健康才是最重要的。因此,我们必须充分考虑长期的目标和好处,否则,事情是无法坚持下去的。

"做不到"的理由之三：忘记目标

一时兴起想要做的事情往往难以持续，就像公司规定的行为准则那样不容易执行，一个常见的原因是，许多人不久就忘记了自己要做的事情。实际上，**在很多情况下，无法实现目标是因为我们忘记了目标。**

许多在业务岗位上的人通常会在月初设定一个较有难度且重要的目标，并制订详细的计划以期达成。然而，到了月中，我们往往会忘记这些具体的目标和计划。当月底临近时，我们才突然拿出计划表，开始匆忙赶工……这种情况你们遇到过吗？

因此，许多时候，无法实现目标的原因是我们忘记了目标。即使是在墙上贴"我要考上东京大学"的标语，对一些人来说，也未必有效果。为了实现目标，我们首先需要将目标写在显眼的地方。

③ 将目标写在显眼的地方

如今,我的公司的员工每人每月都必须设定四个目标(这是强制性的):

(a)让客户满意的小行动目标。
(b)让周围同事满意的小行动目标。
(c)创新的目标。
(d)自我发展的目标。

虽然设定目标是好事,但许多人往往难以执行。久而久之,制度可能会变得形式化,许多公司都是如此。然而,在神奈川的NABCO公司,我发现,从某个时候开始,这项规定的执行率逐渐提高了。

一名员工将目标设置成了电脑启动画面,其他人也开始效仿。那些因在施工现场工作而看不到电脑的人,会在笔记本的第一页贴上写有目标的便签。

我每晚睡前都会写日记,并阅读《道路无限宽广》这本书。我从浴室出来后,一进书房,桌上就放着这本书，我的日记本也放在我触手可及的地方。因此，我才能把这两个习惯坚持下来。为了健康而喝的保健品也是如此，我把它放在办公桌旁边的架子上，因此，我从未忘记喝它。

我的肚子有点儿大，一位偶尔和我见面的好友曾建议我："深吸一口气，然后用力收腹，这个运动可以减肚子。"

每次见到这位朋友，我都会想起他的建议，但我的肚子还是很难减下去，可能是因为我和他见面的次数太少了。（笑）

"能经常看见"是避免遗忘的关键。物品和事情都是如此。

因此，为了避免遗忘，我们应该把写着需要做的事的便签和做某事所需的物品放在显眼且触手可及的地方。

④ 把写着需要做的事的便签和做某事所需的物品放在显眼且触手可及的地方

无法坚持做某事的人，大多是那些连做这件事都会忘掉的人。反过来说,记住应该做的事是将做某事变成习惯的第一步。

"做不到"的理由之四:缺乏约束力

在刚开始做银行职员的时候,我也曾经忘记过重要的事。那时候,我在一个叫外汇科的部门工作。每周一,我都要带着相关资料去银行大厅里分发,这些印有汇率等内容的宣传页都是我和其他同事一起制作的。其中,我负责查询黄金价格。其实,我只需要在周六查看《日本财经新闻》并将相关信息记录下来就可以了。

那个周末和往常的周末一样,我打了一天网球,然后周一到公司上班。有同事问我:"黄金的价格是多少?"我这才想起来,自己忘记在周六查询黄金的价格了。当时我想:"竟然会发生这种事!"这时,我的上司把周六的报纸拿出来,递给我。老实说,这种情况在我身上发生了不止一次。

不过,对当时那位宽容的上司,我确实感到很抱歉。如果当时有人严厉地对我说:"你要是把它写在显眼的地方,就不会再忘记了。"那么,或许我就不会再忘记了。

从这个意义上讲,约束力是培养习惯力必不可少的关键因素。

这是团队工作,如果同事或前辈向我投来冷漠的目光,或者上司非常严厉,或者有人给我一些明显的负面评价,那么情况可能就会有所不同。然而,我当时所在的团队是一个亲切友好、气氛融洽的团队。

虽然我没有打算把自己的错误归咎于周围的人,但我认为,在团队目标迟迟未能达成时,可以检查以下两个方面。

⑤ 是否对当事人施加了足够的约束力?
⑥ 团队的气氛是否过于融洽?

在团队中,与良性竞争截然不同的另一种状态是和气融洽。然而,如果一个公司的工作氛围过于和气融洽,那么这个公司就很难有较好的经营成果。面对不好的境况,大家可能会互相安慰,只去想完不成目标的理由。许多人会觉得,周围的人都做不到,因此自己做不到也无所谓;而自己做不到的时候,过于严厉地批评别人也不太好。

我们既要把大家凝聚在一起,又要让大家思考如何完成共同的目标。这就需要公司的管理者营造一种良性竞争的工作氛围。

不过,即使觉得自己的团队"和气融洽,过于宽容",我们也不能放任自流。我们首先要做的是严格要求自己,通过自己的努力获得成果,然后逐步带动周围的人。我们不能总是指望周围的人先做些什么。

"做不到"的理由之五:认为即使不去做也没关系

那么,我们为什么会忘记已经决定要做的事呢?

这是因为我们的内心深处认为即使不去做也没关系。比如,如果忘记了销售目标,那是因为我们的内心深处并不认为我们必须实现这个目标,而是觉得即使实现不了也无所谓。

如果某个人忘了做为减肥而进行的拉伸运动,

那就意味着他的内心其实并不在乎现在的体形。如果两个月后要结婚，或者要参加能够见到自己初恋的同学聚会，那么许多人肯定会经常想着减肥吧。（笑）

那么，为什么有些目标没有真正地被我们内化为个人的目标呢？我认为，归根结底，是因为我们缺乏梦想，没有找到自己的志向和使命感。在团队中，这种心态表现为"我不做，别人也未必会做"的态度。因此，拥有志向和使命感是非常重要的。

⑦ 拥有志向和使命感

无论是为了获得长期的成果，还是为了过上有意义的人生，公司和个人都应该拥有自己的志向和使命感。这是一件十分重要的事。

即使现在没有目标和使命感也没关系，只要我们一直寻找，总有一天，我们会得到启示，某个词语或者某句话会指引我们找到自己的目标和使命感，找到自己的志向。《论语·为政》中提到："五十而知天命。"就连孔子也认为，许多人是五十岁才"知天命"的。

意识到志向和使命感的必要性,是培养习惯力的不可或缺的一步。

因此,我在本章后半部分列举了缺乏习惯力的人的情况。总体来说,这些情况可以看作是具有习惯力的人的特征的反面。其中最需要关注的是,**他们将自己决定坚持做下去的事"忘记"了。**

因此,**我们要让自己决定要做的事经常出现在自己的视野中。**这对个人和团队来说,都是成功的捷径。

第一章总结

1. 培养"习惯力"的六个要点

① 充分享受其好处。

② 有约束力。

③ 融入日常生活。

　（a）提前决定好做某事的时间和地点。

　（b）把需要用到的东西放在显眼且触手可及的地方。

④ 有可以切磋较量的伙伴。

⑤ 受人关注。

⑥ 有志向。

2. 把"做不到"变成"做得到"的七要素

"做不到"的理由之一：目标缺乏短期必要性。

① 设定阶段目标，确保每个阶段目标完成后都能获得成就感。

"做不到"的理由之二：没有长期目标。

② 为了实现长期目标，我们需要将它细分为具体的阶段目标，并在每个阶段确认成果，以便在获得成就感的同时推进工作。

"做不到"的理由之三：忘记目标。

③ 将目标写在显眼的地方。

④ 把写着需要做的事的便签和做某事所需的物品放在显眼且触手可及的地方。

"做不到"的理由之四：缺乏约束力。

⑤ 是否对当事人施加了足够的约束力？

⑥ 团队的气氛是否过于融洽？

"做不到"的理由之五：认为即使不去做也没关系。

⑦ 拥有志向和使命感。

第二章

养成习惯力的具体方法

正如我在前言中写的那样，习惯力并不是自然而然形成的，如果我们想让某种行为成为自己的习惯，除了依靠本能的愿望之外，还需要付出相应的努力，使用某些方法。

所谓拥有习惯力的人，是那些了解养成习惯力的方法并且已经成功养成了几个好习惯的人，而没有习惯力的人，是不知道这些方法的人。

在第一章中，我已经概述了这些方法的基本内容。在这一章中，我想将这些理论转化为可以立即付诸实践的具体策略。

这里可能会有部分内容与第一章重复，有些内容可能会显得啰唆，但请允许我提前说明一下。我之所以这样做，是因为本书的目的不仅仅是让读者了解习惯力，更重要的是帮助读者将已知的知识转化为实际行动。或许你觉得这些要求并不新鲜,但是,你是否真的能够做到呢?

那么,让我们开始吧!

将某些行为变成习惯的过程,就像早上起床后洗脸一样。如果没有父母的教导,早上洗脸或许也不会成为我们的习惯。养成习惯的过程,是一个逐渐将做某事融入日常生活的自然过程。这个过程可以分为五个步骤,而这五个步骤又可以归纳为两个阶段。

第一个阶段是决定将做某事变成习惯的初期阶段,这个阶段是**需要有意识地去执行的阶段**,一旦松懈下来,我们很容易忘记自己的目标。第二个阶段则是**将做某事从有意识的行为转变为无意识的行为的阶段**。具体如下:

阶段一:利用约束力,让自己开始做某事。
步骤1:无论如何先开始。
步骤2:不要忘记行动并坚持下去。
步骤3:感受好处。

阶段二：无意识地做某事。

步骤4：不做就觉得心里不舒服。

步骤5：无意识地做某事。

1. 阶段一：利用约束力，让自己开始做某事

步骤1：无论如何先开始

① 一旦开始做，事情就完成了一半

我喜欢这句话：Once done is half done.

这句话的意思是"一旦开始做，事情就完成了一半"。总之，做任何事的关键都是要先开始行动。

例如，如果你想养成写日记的习惯，那么你先不要考虑自己能否坚持下去，你首先要做的就是开始写。早睡早起也是如此，首先要尝试去做。立刻去做那些你认为有益的事，这一点非常重要。

顺便说一句，我认为商务人士需要具备的基本能力是"发现力"和"执行力"。而"无论如何先开始，尝试去做"的习惯对提高"发现力"和"执行力"非

常有效。

如果你想要求孩子或下属去做某事,可以使用第一章中提到的"约束力"的方法。**如果你希望自己去做某事,那么你需要利用"约束力"进行自我约束。**

例如,约束自己时,我们可以规定:不做完拉伸运动就不吃饭,不写完日记就不睡觉。约束团队成员时,我们可以规定:在下次会议上汇报最近读过的书的内容。约束孩子时,我们可以规定:不完成作业就不能吃零食或出去玩。

此外,那些对我们有益的事,即使微不足道,我们也要尝试去做。因为那些事是好事,所以即使没有很强的约束力,我们大多也能完成。总之,关键是要开始行动,尝试去做。如果你不知道该从哪里开始,在下一章中,我将介绍一些成功人士的习惯清单,供读者参考。

② 为他人着想

许多人不太喜欢早起,许多学生尤其如此。然而，一旦开始工作，大家都会努力早起，以免迟到，因为上班有"约束力"。

若需要早晨送孩子上学，那么成年人的起床时间会更早，这是因为他们要在固定时间送孩子上学，或者为孩子准备早饭。

时间较为自由的单身人士，即使知道早起对健康有益，也往往较难坚持早起，但是，大部分成年人，为了别人，尤其是为了孩子，通常能坚持下去。可以说，这样做是因为早起的优点被放大了。

因此，对没有孩子或者孩子已经长大的人来说，养宠物也是一个不错的选择。宠物狗，特别是中大型宠物狗，需要它们的主人早起并带它们散步。

③ 公开宣布目标

我们要做到言出必行。例如，去健身房、写书、实现年度销售目标等，这些都是要公开宣布的事，如果我们这样说了却做不到，岂不是很没面子？因此，为了面子，我们也要努力做到！我的公司要求员工每月的月初提交当月的目标表。月末，员工和管理者一起检查目标是否完成,这也是提高工作效率的好方法。

通过这种方法,我们可以**让周围的人的关注变成约束力,以此来督促自己。**

当我只出版了几本书的时候,我开始到处说自己要出版一百本书。为什么我要出版一百本书呢?因为我当时虽然出版了书,但书的销量并不好。然而,社会上很快就有声音说"某某书卖了十万册"或者"某某书成为销量达一百万册的畅销书"。我想,既然我以作家自居,那么我的书总得卖一百万册吧。但是,一本书要卖出那么多册实在是很困难……

于是我想,一本书卖一百万册可能做不到,但如果平均每本书卖一万册,出版一百本书不就能达到图书销量一百万册了吗?

我想,三十五岁到六十五岁之间有三十年,如果一年平均写三四本书,三十年差不多就能达到一百本了。刚出版了几本书时,我就宣布自己要写一百本书。当然,我确实觉得写作十分有趣。虽然有时候写作很辛苦,但如果写作不快乐,我也无法坚持下去。

一开始,我说我要写一百本书,没有人相信。后来,每当我出版图书的数量达到二十五本的倍数时,我就会举办出版纪念派对,并且在派对上说:"我要写一百本书!"每次的派对总有亲朋好友参加,他们已经记住了我的这个目标,这对我来说是一种"约束力"。2014年,我终于举办了纪念出版第一百本书的派对。那时候,几乎每个到场的人都问我:"小宫先生,第二百本书什么时候出?"我可没有说过要出版两百本书哦!

总之,**我们要言出必行**。我们可以宣布任何自己想做的且对我们有益的事,比如,每周跑步一次,这样的事也可以。

不管什么对我们有益的事,只要宣布了,我们就要去做,一旦成功,我们就会获得自信,赢得别人的信任,提升自己的执行力。

这样一来,以后,我们就能去做更大的事。

④ 设定好期限

以刚才提到的书为例,我在三十五岁的时候

决定在六十五岁之前出版一百本书,因此,我要在五十五岁之后,在六十五岁之前,实现这个目标。我是一个非常认真的人,总是觉得如果不提前做点儿什么,心里就不踏实。后来,我出版的图书的累计发行量也达到了三百七十万册,而不是一百万册。因为写作不是我的主业,所以如果没有设定期限,我可能就无法坚持下去了。

不设定期限的话,许多事情是难以推进的,因为许多人总是会想:这件事明天做也可以,后天做也行。时间期限是一种强大的"约束力"。

此外,如果时间期限很长,比如三十年,那么我一定要将长期目标分解成每年三本或四本等具体的短期目标,我不可能在六十四岁那年突然写几十本书。而且,分解后的短期目标必须是现实可行的。我们必须根据自己的实力来设定目标。如果我们设定的目标太高,目标完成起来很费力,那么我们是无法坚持下去的。

⑤ 和伙伴一起努力

在我公司的员工和客户中,有很多人早上跑步,据我所知,他们中的大多数是和朋友或同事一起跑步的。早晨聚在一起学习的人也很多,因为对一些人来说,独自做某事很难坚持下来,所以他们需要伙伴为他们提供"约束力"。

正如我在第一章中提到的,即使周围没有想要一起做同一件事的伙伴,我们现在也可以通过社交软件找到志同道合的朋友。

我们可以通过社交软件与他们分享自己的计划进展到了哪里,今天跑了多少公里,体重减了多少千克等。我们可以通过这样的交流让自己坚持下去。

⑥ 提前设定不必这样做的条件

有些事无法坚持做下去可能是由某种不可抗力造成的,例如因感冒而卧床不起。尽管这些意外因素不是人为可控的,但我们坚持的事如果有一天没做,我们就可能因此而逐渐放弃它。

关于这一点,我从客户那里学到了一个方法,那就是我们可以提前设定在某些情况下不做这件事。

那位客户因生活不规律而生病,在医生的建议下,他开始散步。他每天早起,在去公司之前走两千米左右,大约步行三四十分钟。

他能坚持下去的关键在于他决定下雨天不散步。而且,他还决定气温低于某个温度时也不散步。这样做,他在心理上能更轻松地将散步这件事坚持下去。

如果我们认为无论如何都必须做某事,那么这种想法本身就会成为一种压力。认真的人尤其如此。提前设定不做的条件其实是一个好方法。反过来,这也意味着除了设定不做的条件之外的情况,我们一定会去做某事,这也是一种对我们自己的承诺。

此外,坚持做某事,与痛苦和利弊之间的平衡有关,我们有时也不必每天都坚持做某事。特别是在运动方面,因为每天运动身体可能会疲劳,所以我们不需要每天运动,我们可以提前计划好,每周至少有三天做运动。

⑦ 考虑不能做时的备用方案

尽管如此，除了设定好的不做某事的条件外，有时，我们要做的事也会因为其他原因而无法完成。如果置之不理，那些无法坚持将某事做下去的借口和理由就会累积起来，最终让我们无法坚持下去。因此，当确实无法做某事时，我们要提前安排好一个备用方案。

例如，我们决定每周去健身房做运动三次，但有时因为连续出差而无法做到。在这种情况下，我们不能有"没办法，出差嘛"的想法，而是要提前准备好备用方案。比如，出差那天的早上，在出差住宿的酒店附近散步三十分钟，或者在酒店的房间里做十五分钟的拉伸运动等。**我们要准备好备用计划。**这与应对商业上的风险是相似的。

关于准备好工作上的备用计划的重要性，这是我给一家公司当经营顾问时，那家公司的管理者——一位成功创建上市公司的企业家告诉我的。

他说：我们制订一个计划时，一定要有第二计划和第三计划。若第一计划没有实现,那还不是放弃或灰心的时候,我们要去执行第二计划。如果第二计划也没有实现,那么我们就执行第三计划。

人们一旦放弃做某事,就会开始给自己找不做这件事的理由。不管现实情况如何,人们都能想出许多理由来为自己的行为开脱。在找不做某事的借口方面,大多数人已经是天才级别的了!(笑)

因此,我们要考虑去做某事的理由。当做不到这件事时,我们就去做与这件事接近的事。这样做,可以增强我们的自我约束力。

⑧ 不要过度努力

我有一位客户,他计划每天走两万步。他是一个非常认真的人,尽管他的年纪已经不小了,但不管是在雨天、雪天,还是在其他天气恶劣的日子里,他都会一大早在灯火通明的车站周围转圈,直到走完两万步。据说,他每天都会在笔记本上记录自己的步数。

但是,他努力过头了。他因为过度疲劳而住院,住院后，他无法执行他的步行计划了。这本来就是为了健康而进行的健身步行，结果反而损害了他的健康，真是得不偿失。

因此，我们不要过度努力，不要勉强自己去完成某件事。这才是将事情一直坚持做下去的秘诀。

步骤 2：不要忘记行动并坚持下去

① 将目标写好并放在显眼的地方

首先，正如神奈川 NABCO 公司的例子所展示的那样，我认为，员工们记得自己的目标是提高目标达成率的重要因素。

当知道这些时，我明白了一点。

我们无法达成目标的一个重要原因，是忘记目标本身。

因此，为了达成目标，我们首先要做的就是把自己的目标写好并放在显眼的地方。设定一些稍微超出自己能力范围的目标也没问题，最重要的是**确**

保自己不会忘记目标。为此，我们需要采取适当的措施。

早上，到公司后能立刻打开电脑的人可以将电脑启动画面设置成写着自己目标的有文字的图片，没有这种条件的人则可以把目标写在便利贴上并贴在笔记本上。我们不光可以写"本月的目标"，还可以写"今天的计划"等。我们打开笔记本时，可以看到便利贴上写着"不要喝太多酒"之类的提醒。如果第二天也和别人有约，我们可以把那张便利贴移到我们第二天能够翻到的位置。如果有需要在睡前完成的事，我们可以把记录提醒的便利贴贴在睡衣上。可以贴便利贴的地方还有很多。

与此相关，**记住设立目标**本身也很重要。我们可以在每月的第一天设立当月的工作目标和个人目标，比如读一本与工作相关的书或去美术馆参观等。然而，人们也很容易忘记"每月设立目标"这件事，因此，我编写的《商务人士手账》中，每月的第一天的待办事项栏里印有"设立月度目标"字样，也就是说，**每月的第一天的任务就是设立当月的目标。**

② 与伙伴一起检查计划进度

在步骤 1 中,我提到与伙伴一起执行计划,我们也要与这些伙伴一起检查计划进展情况,并尽量保持进度一致。

很多人经常使用一些社交软件,通过它们与伙伴联系并检查计划进度,这也是很有效的方法。因此,我们可以建立与目标有关的电子邮件列表或社交软件群组,这样应该会对我们有所帮助。

③ 在同一时间、同一地点,做同样的事

在同一时间、同一地点,做同样的事,这实际上是习惯养成的重要方法。

正如我之前提到的,我早上在地铁上看《日本经济新闻》。晚上洗完澡后,我会在自己的房间里写日记,然后读几页《道路无限宽广》,接着,我会站起来,举起旁边的哑铃,做大约十次手臂肌肉训练,然后去卧室做拉伸运动,最后睡觉。在同一时间、同一

地点，做同样的事，我们就不会忘记自己要养成的习惯了。而且，日记本和哑铃就在眼前，它们可以时刻提醒我要做的事，这一点也很重要。

虽然我打高尔夫球打得不太好，但在打高尔夫球时，我的挥杆路线是固定的。如果不用那种路线进入击球位，我就很难打出好球。

这与设定一个固定的挥杆路线类似，决定要定期做某件事之后，如果不做这件事，我就会觉得心里不舒服。

我在通勤路上经过四谷站的楼梯时，许多英语句型会在我的脑海中浮现。

这是因为以前，我很认真地阅读了山姆·帕克（Sam Pack）所著的《五十个常用英语句型》这本书，记住了那五十个句型。

那时候，在上四谷站的楼梯时，我会小声地重复这些句型，这已经成了我的习惯。因此，现在，每当我踏上四谷站的楼梯时，那些句型仍然会在我的脑海中浮现。

步骤3：感受好处

在习惯养成的初期，我们可以借助内部和外部的"约束力"来养成新习惯，但我们的最终目标是能够依靠自己的意愿将做某事坚持下去。实际上，这也是挫折发生最多的阶段。在这一阶段，让自己一直有坚持下去的动力是非常重要的。

① 设立短期目标并体验成就感

为了将做某事坚持下去，长期目标需要分解为中期目标，中期目标再进一步细化为短期目标。每当达成一个短期目标，我们就能体验到成就感。

分割目标就是将长期目标进行阶段性划分。例如，作为一名经营顾问，我的长期目标是提高客户公司员工的工作积极性，增加客户公司的销售额和利润。但是，为了提高员工的积极性，我会设定一些中期目标，比如进行某种培训或使用某种管理工具。这些中期目标又会被进一步细分成具体的短期目标。

在这个阶段,最重要的是员工**每完成一个短期目标,都能感到满意并获得成就感**。因此,目标和结果需要可视化,也就是"看得见"。

比如,在减肥的过程中,我们可以在固定的时间测量体重,例如在晚上洗完澡后测量体重。即使体重只减少了一点点,也会激发我们"明天要继续加油"的斗志。我们通过智能手机应用的步数记录来查看自己走了多少步,也很容易获得成就感。

以前,在准备大学入学考试时,我的数学习题集篇章页的右上角有一个三角形图案,每完成一章练习题,我就剪下一个三角形图案,然后像拼贴画一样,把剪下来的三角形图案拼贴起来。当完成最后一章练习题时,一幅完整的图画就拼好了。这样做,就是将成就感可视化。

由于体验到了成就感,**我们坚持下去的意识也得到了强化**,这会激励我们获得更大的成就。

通过体验成就感,**我们脑中的信念感也会得到强化**,从而进一步增强了达成长期目标的渴望。

② 设立有益的目标

培养好习惯的关键在于感受到好习惯带给我们的好处，而设立养成某个好习惯的目标自然也对我们有好处。

在工作中，如果我们需要考取从业资格证的话，那么我们应该以"获得资格证后能够提高工资或提升工作水平"为目标。

如果我们的目标是早起，提前一小时到公司，那么那时候通勤电车还不太拥挤，通常会有空座位，我们可以坐着阅读报纸，避免了电车拥挤时的不适感，这些都是我们能感受到的好处。

如果我们的目标是养成跑步的习惯，那么"减轻体重""改善健康状况""获得清爽感觉"等效果，都是我们很快就能体验到的好处。如果我们参加马拉松比赛并且能跑完全程，那么"我成功了"的想法就会带给我们成就感。

总之，如果没有做对自己有益的事，没有实际感受这些好处，那么我们就很难坚持做某事，并将它变成习惯。

③ 与伙伴分享成功和失败

在步骤1和步骤2中,我已经谈到了拥有伙伴的重要性。那么,在步骤3中,为了实际感受到好处,我们可以做什么呢?我们能做的实际上是我在第一章中提到的"切磋较量"。

因此,我们需要和伙伴分享成功和失败。例如,如果我们的目标是考取从业资格证,有了伙伴,我们就可以和伙伴一起研究案例,交换信息。一次性通过考试的人会受到大家的称赞,而没通过的人也会得到鼓励。

在我们准备考试的过程中想放弃考试的时候,因为有伙伴在,我们也不好意思轻易放弃。而且,如果我们在职场之外找到伙伴,还可以获得与平时不一样的信息和感受,这也是一个好处。

STEP 1　无论如何先开始

一旦开始做，事情就完成了一半。 　　公开宣布目标。 　　和伙伴一起努力。

STEP 2　不要忘记

将目标写好并放在显眼的地方。 　　在同一时间、同一地点，做同样的事。

STEP 3　感受好处

设立短期目标并体验成就感。 　　与伙伴分享成功和失败。 　　想象达成目标时的情景。

④ 想象达成目标时的情景

想象一下,如果我们考上了理想的大学,那么我们自己会感到自豪,父母的脸上也会洋溢着喜悦的笑容。我们可以支配的时间也会更多,可以去自己想去的地方。我们可以全身心投入到喜欢的社团活动中。高中时的你,是否曾经一边想象着这样的情景一边学习呢?

减肥时,我们可以想象自己瘦下来后的样子,想象自己的身旁有个相貌出众的异性,这样一来,我们减肥就会更有动力。许多美容沙龙的广告就是这样做的,那些广告通过描述减肥后美好的场景,让我们想象减肥的好处。

⑤ 想象未能达成目标时的糟糕情景

相反,我们也可以想象那些未能达成目标时的糟糕情景,也就是没有坚持做某件事造成的结果,这样做,有时也能成为我们坚持做某事的动力。例如,我之所以能坚持一段时间控糖减肥，是因为医生警告我，如果我不这样做，那么我的身体健康情况会更糟糕。

如果不能早起，那么我们就不能乘坐乘客较少的早班电车上班，在拥挤得动弹不得的电车上，我们连手机都看不了，只能煎熬着度过早高峰时间。如果不能坚持戒烟，那么不仅我们自己的健康会受损，而且许多反感吸烟的人也会对我们不满。

2. 阶段二：无意识地做某事

我们会慢慢发现，许多即使一开始需要有约束力才能做的事，做得时间久了，也会逐渐变得越来越自然，最终达到在无意识中进行的状态，这就是习惯化的过程，也是习惯养成的过程。

这个过程包括以下两个步骤：

步骤 4：不做就觉得心里不舒服
步骤 5：无意识地做某事

为了快速推进这两个步骤，我将列举三个方法。

① 做自己喜欢的事，让自己沉浸其中

坚持做自己喜欢的事很容易。有些人在雨中打

高尔夫球,有些人在雨中跑步,有些人在出差时住宿的酒店周围跑步。我有一位客户,出差时,他会在住宿的酒店走廊里练习开合跳。因为他们都已经养成了习惯,不做这些事,他们就会觉得不舒服。

坚持做自己喜欢的事很容易,坚持做自己不喜欢的事则十分困难。因此,我们最好将自己必须坚持做的事变成自己喜欢做的事。只要我们坚持做一件事做得足够久,我们就会发现,不做这件事我们会感到不舒服,也就是说,我们变得喜欢做这件事了。因此,养成做某事的习惯的关键在于,**我们能否坚持做某件事,直到喜欢上做这件事**。

《道路无限宽广》一书中提到,刚开始坐禅时,许多人会觉得十分痛苦,但经过一段时间的坚持,他们发现,如果不按照规矩一步步认真去做,就会感到不舒服。这说明他们的心灵已经高度兴奋了,他们已经喜欢上坐禅了,至少,这意味着他们已经习惯坐禅了。

将一开始讨厌做却对我们有好处的事,坚持做到这个阶段,对我们来说,是十分重要的。

② 达成目标后奖励自己

我们在达成目标后给自己一些奖励也是十分重要的。这样做在一定程度上可以增加我们前进的动力。

这里唯一需要注意的是，即使目标很小也可以，**总之，只要达成了目标，我们就要奖励自己，而不是对"为达成目标而努力"这一行为进行奖励。**

我不喜欢"要奖励努力的自己"这种口号，因为在许多情况下，身为社会成员的我们应该根据自己获得的成果来进行自我评价。"虽然我没有获得成果，但是我努力过了呀。"这是像小学生一样幼稚的想法。

我们应该提前设定一个可视化目标，并在达成目标后奖励自己。

以我为例，因为我对手表很感兴趣，所以我设定了一个可视化目标：当我出版的某一本书的销量达到十万册时，我就买一块手表。

到目前为止，我已经买了四块手表了。

当下，销量十万册是一个相当高的门槛。但是，我认为设定一个稍微高一点儿的目标会比较好，因为这样更有挑战性。

③ 偶尔宠爱自己

我以前读过一本书，书中提到一种应对压力的方法，那就是"偶尔宠爱自己"。如果我们总是不停地谈论目标和坚持努力，最终，我们会对目标感到厌烦。

无论是在减肥，还是在备考，我们偶尔也需要忘记自己的目标，放松下来，玩一玩。

总之，当处于无意识坚持的阶段时，我们很有必要让自己好好放松一下。

我们偶尔宠爱自己一次，就会很快忘记这件事。但如果我们总是不断地宠爱自己，那么我们就会觉得松懈是理所当然的事。

因此，**我们只能偶尔宠爱自己一下。**

第二章总结

1. 阶段一：利用约束力，让自己开始做某事

步骤 1：无论如何先开始

① 一旦开始做，事情就完成了一半。

② 为他人着想。

③ 公开宣布目标。

④ 设定好期限。

⑤ 和伙伴一起努力。

⑥ 提前设定不必这样做的条件。

⑦ 考虑不能做时的备用方案。

⑧ 不要过度努力。

步骤2：不要忘记行动并坚持下去

① 将目标写好并放在显眼的地方。

② 与伙伴一起检查计划进度。

③ 在同一时间、同一地点，做同样的事。

步骤3：感受好处

① 设立短期目标并体验成就感。

② 设立有益的目标。

③ 与伙伴分享成功和失败。

④ 想象达成目标时的情景。

⑤ 想象未能达成目标时的糟糕情景。

2. 阶段二：无意识地做某事

步骤4：不做就觉得心里不舒服

步骤 5：无意识地做某事

① 做自己喜欢的事，让自己沉浸其中。
② 达成目标后奖励自己。
③ 偶尔宠爱自己。

第三章

成功人士的习惯

在第一章和第二章中,我根据个人经验,介绍了培养习惯力的方法。

那么,我们到底应该培养什么样的习惯呢?成功的人都有哪些习惯呢?反过来说,我们通常容易染上哪些不良习惯呢?又有哪些不良习惯是我们应该立即戒掉的呢?本章将对此进行一一论述。

有些事,虽然都是一些小事,但我认为,**成功的人正是在这些小事上做得与众不同**。

发挥习惯力将这些小事变成习惯,像积沙成塔那样稳步积累,最终,我们一定能获得成功。

虽然我们无法做到面面俱到,但我们应该拥有自己的目标和理想。毕竟,"没有人在散步时顺便登上富士山"。

1. 要养成的成功人士的习惯

① 在一天结束时，进行回顾和反思

在所有应该养成的好习惯中，我们首先要养成的好习惯就是回顾和反思。

这是我们最应该养成的好习惯。不养成回顾和反思的习惯，我们就很难真正让自己拥有习惯力。无论多么忙碌，我们都要坚持对具体事项进行回顾和反思。**不进行回顾和反思，我们就无法积累经验。**我写日记就是出于这个目的。

大多数人每天都在努力做着同样的事，大多数工作基本上是在重复做同样的事。在这里，我们的业务水平是能够提升还是一直停留在原地，关键在于我们是否对自己的工作进行了回顾和反思。

在工作的过程中，失误是在所难免的，这是人之

常情,重要的是我们不能犯同样的错误。**人生短暂,我们没有时间总是去犯同样的错误。**

经常回顾和反思,我们的精神层面会不断提升,我们会获益匪浅。随着工作水平的提高,我们的缺点和在工作中遇到的困难也会逐渐减少。当然,大部分人都会在失败后进行一定程度的回顾和反思。进行回顾和反思时的认真程度是造成人与人之间差别的关键因素。

另一件重要的事是我们在成功时能否进行回顾和反思。

成功人士在成功后也会进行回顾和反思。

我为什么这样说呢?因为在商业世界中,有时,有人能够获得成功只是因为运气好。比如,某人的竞争对手的公司突然倒闭,类似的事时有发生。这时,如果此人误认为这是因为自己的能力强或公司的业务发展得好,那么悲剧就会发生,因为运气几乎是不可再现的。这个道理不仅适用于商界,也适用于人生。

因此,我们需要对自己的成败进行回顾和反思。如果不这样做,我们就无法不断进步。

回顾和反思的方法有很多。我的方法是写日记，有些人会在事项完成后开反思会。

　　我的一个朋友是关西地区的著名电视主持人。他说自己每天都会翻阅笔记本，回忆当天发生的事，思考怎样做结果会更好，怎样做工作会进展得更顺利，然后计划下次尝试不同的方法，就像一个人开反思会一样。

　　《论语·学而》有言："吾日三省吾身。"这句话说的是，我们每天要多次反省自己，自我反思。反思可以使人变得更加谦虚。如果不反思，人就会变得傲慢自大。因此，养成反思的习惯十分重要。而且，我们不能只是偶尔这样做，而是要每天这样做，甚至一天反思许多次。

　　不断地回顾和反思，可以使我们更快地前进，我们的人生经验也会不断积累。

② 做笔记

　　人类是健忘的动物，因此，当你有好的想法的时候，就应该随时将它记录下来。

笔记只要简单记录要点即可,关键是我们要养成随时做笔记的习惯。有些人完全不做笔记,这在我看来是非常不可思议的。至少我所认识的成功人士大都做笔记,松下幸之助和7-11便利店的奠基人伊藤雅俊就是这样。

伊藤雅俊的好友说,听别人发表重要讲话时,伊藤雅俊会认真做笔记。十五年前,我第一次听到这种说法,从那以后,我也养成了在别人发表重要讲话时记录要点的习惯。

不过,这里需要注意的一点是,我们不能仅仅满足于做笔记本身,成为"笔记狂",只因为做了笔记就感到安心是不可取的。**笔记的价值在于我们事后对它的回顾和有效利用。**

以我为例,如前所述,由我担任外部董事的公司有六家,由我担任顾问的公司有五家。我定期或不定期参与的电视节目有三个,我每年大约有一百场演讲。在电视直播中,在董事会的会议现场,我经常需要即席回答问题或发表演讲。

在这种情况下,为了能够准确无误地回答在现场的人提出的问题,我必须让自己大脑中的各种信息井然有序。此时，外部数据库无法起作用，因为在电视直播或演讲正在进行时，我不可能去查询外部数据库，所以我只能依靠当时大脑中的信息来应对，因此，我大脑中的数据库必须时刻准备着调取数据。

我做笔记就是为了这个目的。做笔记是充实和整理我们自己大脑中数据库的手段。我们应该做好笔记并时常翻看笔记。

因此，我总是建议大家做笔记。

我们每天至少记录一件事，想到什么就记下来。

我再强调一遍，做笔记有助于将我们的发现固定在大脑中。

仅仅为了感到安心而做笔记是不够的，而不做任何笔记也会使我们遗忘重要的事，因此，我们应该只记录重要的事，随意乱记笔记是不行的。

记住笔记中的重点并不时地回顾，可以充实我们大脑中的知识库。

③ 主动打招呼

松下幸之助在《道路无限宽广》中提到，我们绝对不能轻视打招呼的重要性。毕竟,人与人之间的第一次接触往往就是打招呼。每天跟别人打招呼比我们想象中更重要。

打招呼能够连接人与人的心灵。

我常说:"沟通既要表达想法,也要传递情感。"

例如,你指示下属访问某个地方或者复印某份文件,这是在传递"想法"。

但从下属的视角来看,如果同样的指令是由他们喜欢的上司下达的,他们会乐意去做,如果是他们不喜欢的上司下达的,他们其实不太愿意去做。这就是能否"传递情感"的差别。

从心理学角度来看,这种情况是由对方心理防线高低不同造成的。

那么,这种心理防线的高低是由什么决定的呢?每天打招呼的影响非常大。平时不打招呼的人之间是没有情感上的沟通的。因此,即使你表达了"情感",也不容易被理解,对方并不会发自内心地想要去做你安排的事。

打招呼是降低对方对你的心理防线的重要方法。心理防线的降低会与"喜欢"的情感相联系。

在这里,我想说一下电子邮件。电子邮件是传递想法的非常便捷的工具,但它不太容易传递情感,这一点我们需要注意。

有时候,身在职场的我们,一旦忙碌起来,每天可能会收到上百封电子邮件。包括抄送的电子邮件在内,一天中,我也会收到相当多与工作有关的电子邮件。

当然,我的秘书也会收到很多电子邮件,包括抄送的电子邮件在内。

通常我的秘书会帮我查看这些电子邮件并将它们分类,与我有情感交流的人发来的电子邮件和与我没有情感交流的人发来的电子邮件,我所采用的阅读方式自然会有所不同。

来自与我有情感交流的人的电子邮件,我会认真阅读并立即处理,而来自与我不太熟悉的人的电子邮件,我读了一半就可能觉得"嗯,差不多了吧"。造成这种情况的原因不是想法,而是情感。

因此,我经常对我的下属说,我们不仅要用电子邮件沟通,还要尝试打电话沟通,因为打电话更容易进行情感交流。当然,最好的办法是我们直接登门拜访，面对面交流。

有些人虽然很聪明，却无法调动别人的积极性，这种人认为只要传递了想法就能让别人行动。其实，他们是不知道如何传递情感的。

每当众议院或参议院选举时，政府的高层和在野党的代表都会亲自到各地去演讲。候选人本人也会直接与选民见面并握手。

比起完全没见过面、没握过手的人，人们对见过面、握过手的人更有好感。即使只是一点点接触，也会让人产生好感。这不是在想法的层面上被打动了，而是在情感的层面上被打动了。

从某种意义上讲，人靠"情感"行动，而不靠"想法"行动。

而且，这一切的起点就是打招呼。

我认为，我们最好做到以下这几点：在公司，早上跟同事见面的时候说"早上好"，晚上要回家的时候说"再见"。出门的时候要说"我出去了"，别人出门的时候要说"慢走"。我们回家的时候要说"我回来了"，别人回家的时候要说"欢迎回来"。

注意到这一点的人会互相打招呼。

在这样的过程中，公司员工的集体意识会增强。

认为这是理所当然的事的人，一定是在一家好公司工作。

我曾经在一家大企业工作过，非常清楚这并不是理所当然的。我进出公司的时候都不说话，默默地出去，又默默地回来。公司的同事也没有注意到我。我在那里只是单纯地工作，跟同事没有情感交流。

以前，同事们即使在公司里没有交流，下班后有时也会去"喝一杯"，但是现在时代变了，大家似乎不再这样做了。如今，人们通过平常认真地互相问候，就足够进行情感交流了。

是否算是问候，我不知道，但我也很重视说"我吃饱了"这样的话。

在家里当然要这样说，在外面吃饭的地方也要这样说。已经成年的孩子，在家里也要这样说。我在外面请客的时候，我认为，赴宴的人应该说"谢谢款待"。

我家的孩子从小就被这样教育，他们平时也是这样做的，我自己当然也是这样做的。

因此，在外出就餐时，无论是在高级餐厅里，在家庭餐馆里，还是在卖牛肉盖饭的小摊上，说"谢谢款待"都会使我们显得更有礼貌。平时有这种习惯，会让别人觉得我们很有亲和力。这么做和不这么做，我觉得差别还是挺大的。

④ 立即回复电子邮件

我们要立即回复电子邮件。回复晚了的话，很容易让对方不安。

有时，我们需要考虑一下再回复对方电子邮件，因为好好考虑也需要花时间，所以我们要立即回复电子邮件，说明自己需要时间好好考虑一下，请对方给我们一些时间。

这样做可以使对方更加信任我们。我们要养成不立即回复电子邮件就不安心的习惯。

我认识一位事业有成的前辈，他回复电子邮件时从不直接点击"回复"按钮并接续上一封电子邮件撰写内容，而是重新写一封新电子邮件，改变电子邮件的标题，重新回复。不过，直接回复的电子邮件和重新写的有新标题的电子邮件各有优势,直接回复的电子邮件便于阅读整理,有新标题的电子邮件容易给收件人留下深刻的印象。

⑤ 养成良好的健康习惯

身体健康是日积月累的成果。正如"生活习惯病"这个词语所表达的那样,说"习惯决定健康",一点儿也不为过。

健康饮食,适量运动,定期体检,我们应该把这些有益于健康的行为变成自己的习惯。

身体是革命的本钱。如果身体状况不好,我们也很难养成其他好习惯,做事的动力也会不足。此外,如果我们的身体健康出现问题,也会让我们周围的人担心,甚至会给我们的生活造成不便,而且,这也会使我们无法胜任重要的工作。

健康是一切的基础。

具体如何保持身体健康因人而异,以我为例,我给自己设定了每天走八千步的健身目标。在过去的一周里,我有四天达成了目标。

最初,我给自己设定的目标是每天走一万步,但后来有人说走八千步比较适合我的身体状况,因此我决定每天走八千步。为此,我也尽量使用公共交通工具出行。

因为我在家时偶尔喝酒,所以我也会乘坐出租车出行而不是开车出行,但早上我会乘坐电车上班。外出演讲时,我会乘坐地铁。

这样做的话,我就有机会一天走八千步了。乘坐地铁需要走许多楼梯,我认为这也会有锻炼身体的效果。

实际上,生活在日本的城市里,只要不乘坐出租车或私家车出行,就能走相当多的步数。相比之下,因为日本乡村公共交通不发达,所以就需要频繁地使用汽车代步,这样一来,步行的机会就减少了。在许多登山活动中,那些住在乡村的人反而很难先于住在城市里的人登顶。

周末,我通常会在家写作,只要天气较好,我就会在傍晚时分外出散步一小时。这不仅可以帮助我转换心情,还能让我有机会观察许多事物,不断变化的季节、忙碌的人们……一切尽收眼底。其实在电车里观察人们的行为也是很有趣的。我认为，外出散步是一个有益身心的好习惯。

因为身体会随着年龄增长而变得越来越僵硬，所以我会在睡前做拉伸运动，以此来放松疲劳僵硬的身体。

在流感多发的季节，保持个人卫生尤为重要。即使在非流感多发的季节，我们回家后也要洗手和漱口，因为外出归来的我们身上可能会携带致病细菌。

这确实是一个习惯问题。

尽量不使用自动扶梯或电梯上下楼也是一个不错的习惯。

就我而言，要去比较高的楼层时，不乘电梯，选择爬楼梯，在体力上确实有些困难，我不会勉强自己，但在去比较低的楼层且可以爬楼梯时，我会尽量选择爬楼梯。

即使不这样做，偶尔在地铁站等地尝试爬楼梯也是不错的做法。我咨询过一位熟识的医生，他说我们的身体必须保持一定的肌肉量，特别是腿部，这对预防身体老化非常有益。

为了让自己的身体更加健康，我还养成了经常运动的习惯。每周我会抽出几天，在下班后去健身房做运动。

最近，一些地铁站的附近开设了许多健身房，价格也非常公道，我们可以好好使用这些便利的健身场馆。

⑥ 整理房间

无论是桌面还是房间的其他地方，我们都应该收拾得井井有条，拿出来用的东西用完之后，要及时放回原处。

实际上，我也不太擅长收拾房间和整理文件。但是，当我要开始一项较有难度的工作时，我会先收拾房间，整理文件，清洁桌面，因为这样做可以提高我的工作效率。

我有一个习惯，在工作进行中突然需要外出时，在有访客到来而我需要离开办公桌时，在我决定把剩下的工作留到明天做而今天要早点儿回家时，我会把进行中的工作的文档和资料原封不动地放在那里。

如果把它们整理得太整齐,当我再次开始工作时会花费许多时间。

如果让它们保持原样,我回到办公桌边就可以立刻继续工作了。

包括重新开始工作在内,开始做某事时通常需要花费我们一些能量,让办公桌保持原样可以减少我们开始工作时需要花费的能量。

基于同样的道理,例如,如果视频会议结束后,我需要发送几封电子邮件,那么我会故意在电脑的电子邮箱地址栏里只输入一封电子邮件的地址,然后开着电子邮件的界面,再进入视频会议的界面。这样,视频会议结束后,我就可以立即开始写电子邮件了。

据我观察,**工作效率低的人往往是因为开始工作前的准备时间比较长。提高工作效率的关键是尽快开始工作,因此,保持随时可以开始工作的状态,可以提高工作效率。**

但是,如果桌面上留有许多工作时不需要的东西,那么,工作的时候,我们就不得不花时间在许多物品中寻找自己需要的东西。

实际上，我们往往在找东西上花费了很多意想不到的时间。

为了避免这种情况，我们需要养成整理或丢弃不需要的物品的习惯。

为了不用再去"找东西"，养成**把东西放在固定好的地方**的习惯也很重要。

我从一位客户那里学到了一个方法，固定好桌子抽屉里每样物品的位置，并用泡沫塑料切割出隔断的形状，将抽屉里的物品分隔开。

我将两层泡沫塑料叠在一起，只切掉上面一层，剪刀、订书机和橡皮擦都有了固定的位置。我只在桌子右上方的抽屉里使用了这个方法。

下图是我的桌子的照片，仔细观察的话，你会发现剪刀稍微有些倾斜地放着。

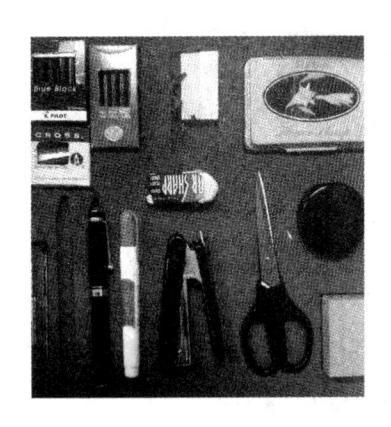

这并不是因为我在切割泡沫塑料时没有仔细测量,而是为了便于取出剪刀而故意这样设计的。

教我这个方法的客户将这个方法称为"**定品、定量、定位**"法。这样一来,工作时,我们需要使用的东西可以立即取出来,用完也能马上补充,不会过多占空间,因此,不会出现多余的笔堆积的情况,文具库存也变得更容易管理。最重要的是,这样一来,我们的时间更宽裕了,精神更轻松了。

⑦ **列出待办事项清单,并确定优先级**

带有**待办事项**列表栏的笔记本并不少见,但真正能够充分利用这种笔记本的人却不多,为这些待

办事项设定优先级的人就更少了。

记笔记时,我们要严格掌握日程和待办事项,并结合日程完成待办事项。所谓日程,就是指像接待访客或参加会议这样时间已经确定的事,而待办事项则是虽然有完成的截止日期,但具体执行的时间并没有那么严格的事。

相比智能手机里面的记事本应用软件,我更喜欢使用纸质笔记本。

我们可以将待办事项清单中的每一项都设定优先级,从优先级高的任务开始执行,结合日程表,将待办事项逐一完成。

由于每个月要撰写十篇连载文章,因此,我必须根据文章的截稿日期来设定优先级并逐一进行写作,否则,我就无法按时完成这些文章的写作。当然,如果有空闲时间,我也会提前写一些离截稿日期还远的文章。除此之外,我还有很多待办事项要完成,比如回复电子邮件和回拨电话。

在给下属分配任务时,待办事项和优先级的问题也很重要。例如,如果我需要他们为我准备会议或演讲资料,临时通知他们,他们也会觉得很为难,因此，我需要尽可能早地告诉他们某项具体工作的截止日期和时间。

此外，当我同时安排下属做多项工作时，有时会遇到下属忙不过来的情况。在这种情况下，我需要根据工作的重要性明确传达工作的时限和优先级。这样，下属在完成这些工作时就不会惊慌失措，也能避免错误和麻烦。

那么，我们需要在什么时候写待办事项清单呢？一旦想到什么，我就会立即写下来，这已经成了我的习惯，无论是在电车里还是在家里，我都会这么做。如果不马上记下来，我可能会很快将它忘记。即使是需要委托给下属做的事，我也会先写下来。任何需要委托别人去做的事也都属于待办事项。

对待办事项进行优先级排序，意味着我们需要对每项工作进行时间上的调整。我们需要考虑每项工作大概需要花费多长时间，应该分配多长时间。我们需要基于这些考虑来安排时间。

当我们需要别人协助我们完成工作时，情况也是如此。此外，由于对方除了协助我们的工作外，可能还有其他事要做，因此，我们要考虑某人完成某项工作大约需要多长时间，然后设定截止日期，与他一起协同工作。

这时候，即使与我们一起协同工作的人是我们的秘书，我们也要意识到，我们是在使用别人的时间。保持这种心态非常重要。

我基本上会在事情确定要做后，立即安排下属去做，如果我在对方非常忙碌的时候去安排他完成某项工作，这就会让对方为难，因此，这并不是一个很好的安排。有时候他们可能没有时间倾听我们的需求，也可能会忘记我们的需求。

因此，我们要在了解对方目前的工作安排之后，再给他安排工作，这一点是很重要的。我们要给对方留有充足的时间，根据对方的情况来安排工作。

⑧ 保持笑容

在电车里，放眼望去，许多人的表情都十分严肃。当然，一个人总是无缘无故地傻笑也挺吓人，但即使保持平常的表情，我们最好也能自然地散发出具有亲和力的气息。

因此,平时与人交往时,我们要尽量保持笑容。这样一来,即使不笑的时候,我们的面容看起来也是较为平和的。如果我们平时总是一副傲慢的样子,或经常生气,那么,随着时间的推移,流露出傲慢或生气的表情就会变成我们的习惯,最终导致我们的表情看起来总是十分严肃。

日本禅宗崇尚一个词——"和颜爱语"。

这个词的意思是温和的面容、亲切的话语。这与成功人士的习惯"保持笑容"是一回事。

我三十多岁的时候,曾经见过船井幸雄[①],那时他对我说:"小宫,保持笑容总是有好处的。"这句话给我留下了深刻的印象。大约二十年后,我有幸再次与他对话,并出版了对话集。提起当年的事,他依然强调保持笑容的重要性。

确实如此,如果我们总是表情严肃,别人也不敢靠近我们。随着年龄的增长,越来越多的人会摆出一副高高在上的样子,但真正伟大的人却是平易近人的。实际上,现实中的权威与我们想象中的权威大相径庭。

---

① 船井幸雄(1933—)日本知名经营管理顾问。

例如,7-11便利店的奠基人是伊藤雅俊,我们公司就在7-11便利店控股公司的总部附近,那里有这家公司直营的餐厅。

我在那家餐厅见过伊藤雅俊大概二十次。他已经九十多岁了,但还是特意拄着手杖到餐厅用餐。实际上,如果他不亲自到店里去,就无法了解店铺的氛围和服务情况。

我们这些到店里用餐的客人与他擦肩而过时,他总是会跟我们打招呼。而且,他也会经常跟在餐厅用餐的自家员工寒暄几句,即使是对待打工的店员们也是如此。优秀的人就是这样,他们会保持笑容并主动跟别人打招呼。

说到这里,索尼公司的盛田昭夫也是如此。年轻的时候,我从银行辞职加入了冈本联合律师事务所,冈本先生带我去拜访过盛田先生几次。虽然当时的我只是个初出茅庐的年轻人,但他总是亲切地和我交谈。

真正优秀的人大都是这样平易近人的。那些总是表情严肃、爱摆架子的人永远只是小角色。心理学上有一种说法:总是表情严肃,爱摆架子,是一个人缺乏自信的表现。

⑨ 读书与学习

　　读书也是一种习惯。喜欢阅读的人,如果外出没有随身携带一本书,那么,他在空闲时间里就会感到不安。然而,最近智能手机的使用似乎填补了这些零碎的时间,因此,我认为,花时间读书的人正在减少。

　　的确,有些人喜欢阅读漫画或娱乐性小说,即使是读这样的书也比不读任何书要好得多。但在这里,我说的读书,是为了学习而读书,是为了了解未知的事物而读书。当我们意识到自己有许多不知道的事时,就会产生想要了解那些事的欲望,然后去读能够帮助我们了解那些事的书,这就是我所说的阅读习惯。

　　对年轻人来说,了解历史是非常重要的。说到历史,了解历史的某个时期发生了什么事,是很有趣的事。

　　我们可以从历史书中学到很多东西,了解了历史,我们才能思考现在和未来。

学习历史也意味着我们可以从多个角度来理解问题。尽管解读历史的角度有许多,但了解不同的人对历史的解读,可能会改变我们对当前世界的看法。

第二次世界大战造成了重大的人员伤亡,人们是怎样陷入这场灾难性的战争之中的呢?为了避免重蹈覆辙,我们应该了解它的来龙去脉,探究真相,避免日后犯同样的错误。

我认为,认真学习历史,尤其是近代史,对当今的人来说非常重要。

还有一点,我认为,通过读书还可以提升审美能力。最近,所谓有教育意义的美术史似乎在一部分商务人士中很流行。我认为提升审美能力有助于培养直觉力。

在艺术方面,只阅读美术评论或美术史是不够的。《论语·雍也》有一句话:"知之者不如好之者,好之者不如乐之者。"我们应该按照这句话的指导,亲自去美术馆,欣赏艺术品,并享受其中的乐趣。在我看来,"好之"和"乐之"的区别在于我们是否亲身体验过某事物。自己画画也好,去美术馆参观也好,这些都是体验。

去美术馆参观时,即使没有预先了解相关知识,我们也能够欣赏艺术品之美,这也很不错。在我们了解作品的历史背景以及作者本人的生活后,再欣赏艺术品,我们会发现,自己欣赏艺术品的深度和广度,和之前相比,已经不一样了。因此,只读书是不够的,只欣赏艺术品也是不行的,只有两者结合,才能达到最好的欣赏效果,提升我们的感性思维能力。

莫迪利亚尼[1]画笔下的女性脖子都特别长,这可能是因为他原本立志成为雕塑家吧。这只是我个人的猜想。不过,当知道莫迪利亚尼曾立志成为雕塑家后,再看他的画作,我似乎感受到了其中的雕塑元素。

我想,许多人可能在教科书或其他图书中见过毕加索的作品《格尔尼卡》。这幅画与毕加索那些色彩鲜艳的作品截然不同,它给人一种黑暗和恐怖的感觉。有人告诉我,这是一幅描绘德国空军轰炸格

---

[1] 阿梅代奥·莫迪利亚尼(Amedeo Modigliani, 1884-1920),意大利著名画家、雕塑家。

尔尼卡村的战争惨状的作品。后来，我在西班牙亲眼看到了原作，我当时感受到的那种震撼是无法用语言来描述的。

有过这样的经历之后，我发现先去参观艺术品，再稍微研究一下它的背景知识，然后再去欣赏艺术品，会有很多有趣的发现。各种信息会在我们的脑海中连接起来，看不见的东西会变得可见，这非常有趣。对那些我喜欢的常设艺术品展览，我通常会尽量参观三次。

当然，艺术品最终归结为美或不美，对艺术品的艺术价值判断依赖个人的感性思维。这种感性思维需要通过大量欣赏艺术品来提升，而且要欣赏许多优秀的艺术品才能得到真正的提升。如果可能的话，我们最好去欣赏艺术品的原作。

另外，我认为，学习艺术和欣赏艺术的过程还能培养我们的审美能力和直觉力。

在这个信息量巨大且需要我们广泛涉猎知识的时代，许多事仅靠逻辑推理，我们很难得出结论。有时，只进行逻辑推理可能不够，我们还需要依靠敏锐的直觉进行判断，作出决定。

"直觉力"这个词听起来有些不太科学的感觉，但我认为，那些长期提升感性思维且积累了许多相关经验的人，他们的直觉力往往比那些只依靠逻辑推理作判断的人更可靠。

事实上，在参加过许多会议之后，我发现，经验丰富的人依靠直觉作出的判断，往往比那些经验有限而依靠逻辑思维能力作判断的人作出的判断更准确。后者花一百小时制作的演示文稿的分析，常常不如前者在几秒钟内作出的直觉判断准确。

因此，我们平时要多接触艺术品，提升自己的审美能力和直觉力，最好能够达到凭直觉感知真善美的水平。

⑩ 技巧与时间管理

工作能力强的人，其实就是生产力高的人。这类人有一个共同点，就是他们始终在寻找提高自己生产力的技巧。他们会思考如何用更短的时间完成更多且更有价值的工作。

通过这种方式，他们能够赢得更多人的喜爱。

那么，如何才能做到这一点呢？

答案就是**我们要始终让自己有适度的工作压力。**

这样，当面对躲不开的需求压力时，我们就会被迫去想办法解决问题。"需求是创造之母。"正如我在许多书中提过的那样：**优秀是卓越的敌人。**如果我们只满足于工作做得"还可以"，就很难有创新。

许多人觉得，我们的工作只做到"还可以"的程度也能生存下去，而且到目前为止，某人一旦进入有一定规模的大公司，只要没有特别的问题，通常不会被解雇，工资也会逐步上涨，所以许多人在达到一定水平后就会感到满足。那些在成为一流的人之前就变得平庸的人更是如此，因为没有人会给他提意见或给他反馈意见。

但是，水平一般的人和水平一流的人是不同的。

如果我们想成为水平一流的人，就需要不断地努力和尝试。

我们需要习惯不断向前"迈出一步"。

我认为，大多数时候，人还是忙碌一点儿比较好，至少成功的人都是这样的。他们总是有那么多的工作要做，也许你不禁会问：他们怎么会有那么多时间去完成那么多工作？

我在自己的许多书中提过，我过去也曾有过这样的经历：一个月为十六本杂志撰写连载，出席十次董事会会议，一年演讲超过一百场，一个月上电视八次以及一年出版十本书。虽然我现在的工作没有那么多了，但我仍然相当努力地工作着。

我为什么要这么努力呢？因为有人委托我做我喜欢的工作。这样一来，我自然就会有压力，而"需求是创造之母"，所以我会利用一切空闲时间来想办法完成那些工作。可以说，我喜欢这种不断想办法的过程。

当然，确保有时间进行演讲或写稿也很重要，但更重要的是稿件内容的质量。如果我无法提供高质量内容的稿件，许多工作很快就会消失。而且，当有许多内容输出的需求时，我储存的素材也会很快用完。

因此，无论是在什么时候，只要有我觉得有趣或有启发的事发生，我都会马上记下来。这就是我在本章开头提到的"做笔记的习惯"。

在同样的时间内，我有时能顺利地完成稿件的撰写，有时却怎么也写不好，有时虽然有灵感，但时间却不够用，这些情况确实存在。为了应对这些情况，保持良好的身体状态和提前规划写作时间是十分重要的。

例如，我要给在我们公司内部发布的电子邮件通讯简报供稿，这类稿件，我通常需要写大约一千两百字，我会从东京站①乘坐东海道新干线去上班，上车后，我会立即打开电脑，在新横滨站附近完成写作。这大概需要十五分钟。有时候，到小田原站附近我才能完成写作，那就说明我写作状态不佳。

但是，在通过小田原站之前，我一定会完成写作。完成这项工作的关键是我要一坐上新干线，就立刻打开电脑，毕竟到新横滨站只有十五分钟，如果不马上开始写，时间就不够用了。

而且，我要在上车前就确定好写作主题，这一点是必须要完成的。如果上车后再考虑主题，我可能过了名古屋站还没写完，但只要主题确定了，剩下的

---

① 此处的"东京站"和下文中的"新横滨站""小田原站""名古屋站""相模川站"等，都是日本新干线站点。

就是打字速度的问题了。

在新干线经过新横滨站且快到相模川站时,我会再读两遍自己写的文章,然后将稿件用电子邮件发送出去。

关于写作技巧的话题,我们下次有机会再谈。在这里,我想强调的是,我一旦坐上新干线,身体就会自然而然地进入工作状态,头脑也会随之调整到相应的状态。

当然,这一切都建立在一个前提之上:我必须清楚地知道自己要写的电子邮件通讯简报的内容。这是不言而喻的。

⑪ 输出

我写稿子时用到的素材主要来自我平日的观察和看过的报纸。我主要关注经济和经营方面的新闻报道,因此,只要我看报纸,每天都能找到无数相关的素材。

在接触报纸等信息源时,我们要基于写作的内容输出的需要来进行大脑信息的内容输入。这也是一种习惯。

提到学习,有些人会拼命地往自己的大脑里输入信息,但如果我们不进行以输出为目的的输入,就无法通过学习提高创造力和解决问题的能力,最终只会成为一个单纯的知识渊博的人。而且,每个人对输入大脑的信息的理解程度也会有所不同,这是因为每个人的紧迫感不同。如果我们明天必须写点儿什么,那么出于这种动机,我们自然会去看报纸,观察周围的人和事。这样一来,近期要进行的演讲等相关主题的话题,也自然会映入我们的眼帘。

通过不断进行内容输出,我们的兴趣范围会扩大,大脑输入信息的范围也会随之扩大。因此,如果带着使用的目的往大脑里输入信息,那么我们花相同的时间去看报纸,从中获得的知识和信息也会更多。

如果能输出许多优质的内容,写出许多优质的稿件,那么我们就会得到更多更好的工作机会,而有了更多更好的工作机会,我们就会对更多有趣的事产生兴趣,从而提高大脑信息输入的数量和质量,进而提升内容输出的质量与数量,这样就形成了一个良性循环。

反过来说，如果我们没有要将输入大脑的信息进行内容输出的意识，那么这样的大脑信息输入，就不算是真正意义上的有效输入。

那么，一般人如何创造内容输出的机会呢？其实，现在我们可以在博客、视频网站和社交媒体上进行内容输出。这是任何人都可以进行内容输出的时代，真是一个美好的时代。

据说，现在许多图书编辑是在视频网站上看过一些有趣的视频后，觉得视频内容可以写成书，才找到视频作者让其完成书稿写作的。另外，现在许多博客和视频网站还开设了付费阅读和付费观看的栏目，任何人都可以进行付费内容的创作。

当然，社交媒体并不是唯一可以输出内容的地方。在公司做一个简短的幻灯片演示或向上司汇报工作是非常重要的内容输出，向别人传递信息的行为亦可以算是内容输出，让周围的人因为你讲的笑话而发笑，也是一种了不起的内容输出。

我们应该在提高输出内容的质量的同时增加输出内容的数量。这样一来，我们的内容输出的传播范围会渐渐扩大,会有更多的人注意到我们的内容输出。

从这个意义上来说,喜欢给大脑输入信息的人更应该养成内容输出的习惯,这样可以让我们更快地成长。

⑫ 早起

我认为,想有效利用时间就得早起。

我通常在早上五点四十分起床,六点四十分左右出门,七点二十分左右到公司。公司的上班时间是九点,在那之前,我可以完成整理资料或者撰写连载稿件等工作。

当然,感到疲惫的时候,我也不会急于上班。想要将做某事长期坚持下去,非常重要的一点是不要勉强自己。

出差的时候,如果我乘坐的是新干线,那么我会在新干线上工作。如果我乘坐的是飞机,那么我会提前到达机场,在候机厅里写稿子或看报纸。

我毕业后进入银行工作,那时候,我早上总是起得很早,并且提前一点儿到公司,这样做除了可以利用早晨的时间外,还有其他的好处。

首先,这样做,我们能清楚地知道早上同事们都在做什么。那些刚好卡点来的人根本不知道提前来的人在做什么,不知道大家都在交谈什么。

此外,一般来说,成功人士早上都起得比较早,许多公司领导者,尤其是能干的公司领导者,通常早早就到公司了。普通员工早上早点儿来公司,也能给领导者留下一个好印象。有时候,领导者会想看看自己随口说出的事会引起员工什么反应,或者想了解公司内部的情况。在这种情况下,他们通常会先注意到那些早到公司的人。

上班时间一到,大家都开始忙自己的工作,很难进行工作以外的事的闲聊。

在公司里,早上开始上班之前,大家通常比较清闲。当然,普通职员也更容易有机会与领导者交谈。从某种角度来说,这的确算是"早起的鸟儿有虫吃"。

回到我自己现在的生活节奏的话题上来。我晚上入睡的时间基本相同,但疲倦的时候,我会早上七点多起床,然后十点左右去上班。

如果我勉强自己早起,反而会打乱我的生活节奏。因此,我的上班时间要么是七点二十分,要么是十点。总之,我不会乘坐拥挤的电车,因为那样我无法看报纸,无法写稿子。

也就是说,虽然我提倡早起,但我们也不应该太勉强自己,那样做反而无法让我们养成好习惯。

我认为,成年人的睡眠还是应该保持在每天七个小时左右比较好。换句话说,五点四十分起床的话,我们需要在晚上十点半左右睡觉。

当然,有时,我晚上的应酬比较多。即使如此,应酬完之后,我也会立刻回家洗澡,写日记,阅读《道路无限宽广》,在床上做一些简单的拉伸运动,然后马上睡觉。如果不参加应酬后的二次聚会①,我应该可以在十一点左右上床休息。

有些人经常睡不着,即使躺下也难以入睡,其实不用担心,只要我们躺下了,身体就能进入休息状态。就算没有真正睡着,身体也得到了一定程度的休息。如果第二天感到身体疲倦,那么我们晚上自然会更容易入睡。

---

① 这里的二次聚会是指应酬聚餐后,换一家休闲场所继续聚会。

要想养成早起的习惯，就必须早睡，因此，避免加班以及避免参加二次聚会是很重要的。最近，有些公司甚至开始禁止员工参加二次聚会了。与过去相比，现在不参加二次聚会并不会使我们的人际关系变差。

应酬喝酒后，我总是立刻打车回家。这样不仅可以避免卷入意外的麻烦，还能节省时间，使我可以早点儿入睡，第二天早上精神饱满地工作。打车的费用与参加二次聚会的费用相比，其实并不贵。

如果大家都知道某个人不喜欢参加二次聚会，那么以后可能就不会再邀请他了。

只要提前说好，参加应酬聚会时不喝酒，就不应该有人对此有意见。不过，如果因为不能喝酒而不参加任何应酬聚会，那么这可能会对商务谈判的顺利进行和人际关系的维持造成负面影响。

因此，养成适时结束应酬聚会并在十一点前上床睡觉的习惯是非常重要的。

⑬ 积极思考

提到习惯,我们通常会想到以行动为中心的行为模式,但实际上,思考方式也是一种习惯,或者说,每个人都有自己的思考方式的倾向,在某种程度上,我们也可以将其称为"习惯"。其中最具代表性的就是"积极思考"和"消极思考"。

有些人习惯关注事物的积极面,对任何事都持积极的态度;另一些人则习惯关注事物的消极面,对任何事都持消极的态度。

毫无疑问,善于积极思考的人更容易成功。我从没见过经常消极思考的人获得成功。

那么,如何判断一个人是积极思考的人还是消极思考的人呢?我的标准如下:看此人**是否能够真心地赞扬别人**。

我们常常会遇到一些总是喜欢批评别人的人,这样的人往往看不到别人的优点。他们只关注别人消极的一面,所以才总是去批评别人。每个人都有优点,能够看到这些优点的人,才能真心地赞扬别人。

对待事情也是一样。有些人在面对某件事时,总是先找不做它的理由。这种情况在某些所谓的"聪明人"中尤为常见。这是因为他们只能看到事物消极的一面。

成功人士在面对某件事时,首先会思考去做这件事的理由和可行的方法。

这是因为他们看到了事情积极的一面。

当然,这并不是说我们可以毫无计划地去做事。松下幸之助曾经说过,如果我们对某件事有六成的把握,那么就应该去做这件事。

这里的"六成的把握"是一种直觉上的衡量,简单来说,面对一件事,如果我们觉得做不到的可能比做得到的可能大,那么我们就不要做;如果我们觉得做得到的可能比做不到的可能大,那么我们就尝试去做。若在做事的过程中遇到困难,我们可以用热情和努力去克服困难。

然而,即使在完全相同的条件下,也会有人觉得有六成的把握,自己就能做得到,而另一些人则认为即使有九成的把握,自己也做不到。这就是积极思考的人和消极思考的人之间的区别。

如果你认为自己是消极思考的人,那么你应该更多地考虑去做的理由,而不是不做的理由。

我们可以从这一点出发,尝试真心地赞扬别人,也就是说,我们要关注别人的优点。

想要构建一个强大的组织,这一点也十分关键。即使是职业棒球联赛中垫底的球队,更换了教练之后,也有可能赢得冠军。一个组织的成败依赖于其领导者,更准确地说,一个组织的成败在某种程度上取决于它的领导者是否具有积极思考的习惯。

总之,我们要充分发挥自己的长处。如果一个人是优秀的销售员,但因为不会做文书工作而经常给别人添麻烦,那么领导者可以把他的文书工作,交给擅长做文书工作却不擅长做销售的人去做。这就是团队合作的优势,也是提升团队力量的关键。

松下幸之助说过,用人时,我们要七分看优点,三分看缺点,并且必须清楚地看到一个人的缺点。许多人误解了这一点,他们认为,要发挥一个人的优点,就必须忽视这个人的缺点,实际上不是这样的。作为领导者,我们在看清楚一个人的缺点后,要想办法让其他人来弥补此人的不足。

团队的优势在于成员之间能够相互取长补短。发挥团队成员的长处,才是打造优秀团队的精髓。因此,那些总是挑剔别人缺点并试图纠正的人,带领团队是有一定局限性的。

如果团队的领导者只是让成员做出普通的努力,那么团队也会十分平庸。对重要的事情,领导者需要明确指出哪里做得不好,但是不要过分指责团队成员。正如《论语·子张》中所说:"大德不逾闲,小德出入可也。"意思是只要一个人在大的节操、品德方面不逾越界限,在一些小的道德的细节上,可以有一定的灵活性和出入空间。

需要注意的是,赞扬和奉承是不同的。称赞优点才是真正的赞扬,而把缺点说成优点则是奉承。对那些年轻的下属,领导者不应该奉承他们。如果你把某人的缺点说成优点,那么他可能会在工作中松懈,甚至轻视上司。这样做实际上是毁掉了这个人的未来。

某个人不好的地方就是不好,但对好的地方,我们也要真心实意地赞扬。这才是最重要的。

⑭ 让别人开心

成功人士大都擅长让别人开心。我有一位高中时的学长,在商界取得了巨大的成功,他就很擅长让别人开心。去年,我成为自己公司的会长时,他亲自送来了花,表示祝贺。虽然有好几个人都送了花,但这位学长送花的情景给我留下了深刻的印象。据我猜测,他应该是和我的秘书事先商量好了,在我到场的时候,他亲自把花送了过来。这种做法给我很强的冲击感,这与请人代送花给我的感觉是完全不一样的。

这位学长还是某位相扑选手的粉丝。那位相扑选手赢得比赛时,他和他的部下一起,带着一百千克的肉食和一箱啤酒去为他庆祝。(笑)

成功人士知道如何让别人开心,而他们也喜欢看到别人开心的样子。

从某种意义上讲,他们是通过让别人开心而获得成功的,或者说,他们之所以能够成功,就是因为他们能够让别人开心。

2. 为了成为最好的自己，应该改掉的习惯

① 熬夜

正如我之前在"成功人士的习惯"中提到的，只要我们不去参加二次聚会，就能大大减少熬夜的可能。

参加二次聚会不仅会花费更多时间，还会使我们因过度饮酒而导致睡眠质量变差。有些人即使在家里，没有参加聚会，也有"睡前小酌"的习惯，这种习惯会影响我们的身体健康，也是我们需要改掉的不良习惯。对在商界打拼的人来说，早上保持良好的身心状态是非常重要的。

像作家这种能够独立完成工作的人另当别论。对商务人士来说，商务活动的压力通常较大，早上到傍晚这段时间非常重要。如果早上的状态总是不佳，

那就会浪费许多宝贵的时间,很难在商业舞台上有较好的表现。因此,在我看来,对商务人士来说,早上起床后的状态是决定成败的关键。

如果我们能坚持两周早睡早起,那么我们就能逐渐养成早睡早起的习惯。因此,我们要在晚上适当的时间上床睡觉,这一点十分重要。

② **暴饮暴食**

由于工作原因,我经常与许多中小企业的经营者见面。可能是因为他们压力大,我发现,他们中的许多人因暴饮暴食而损害了健康。在我认识的这些人中,有人甚至在五六十岁时就去世了。但是,作为企业的管理者,无论有没有留下债务,都不应当就这样死去。这样不幸的事实在太多了。为了身边的人,我们要改变生活方式,改掉影响我们身心健康的不良习惯。

人类依赖食物生存,因此,我们的饮食习惯会体现在我们的身体状况上,也会影响我们大脑的功能。身体状况不佳时,我们大脑的状态也会变差,情绪也会变得不稳定。

因此,在养成好习惯的同时,我们也必须戒掉不良习惯。这是对我们的控制力的考验。

首先,去莱札谱那种强制减肥的地方减肥,也许是一种可行的方法。

其次,我们在生病之前就要注意自己的身体状况,预防疾病至关重要。为了让自己保持身体健康,我会定期接受维生素注射、推拿和针灸等治疗。我也会定期去诊所进行血液检查等身体检查,通过观察数值,来发现目前自己在生活习惯上存在哪些问题。

许多人都是在健康状况下降到一定程度之后,也就是说,在身体出现疾病或不适后,才会去医院接受治疗。但我认为,我们应该在自己的身体健康状况出现问题之前,去医院进行定期体检和预防治疗。

当然,这样的定期体检和预防治疗或许不在健康保险报销的范围内,但是和让疾病打乱我们的生活节奏且使我们无法正常工作相比,防患于未然更好一些。我在四十八岁的时候被检查出了早期肺癌并被切除了四分之一的右肺,从那以后,治疗未病的预防治疗观念就深深地植入了我的内心。

顺便说一下,有些人一边过着不规律的生活,一边大量服用保健品,这是最糟糕的生活方式。他们以为自己服用了保健品,就不必担心自己的健康问题且可以继续过不健康的生活了,这是十分危险的想法。

③ 早上玩手机游戏

我在这里说这些内容可能会惹怒一些人,但我认为,没有什么比玩手机游戏更浪费时间了。这也是导致许多人熬夜的原因之一。更何况,当看到有人在早高峰的通勤电车里玩手机游戏时,我不禁感到担忧。沉迷游戏不仅会影响某个人的未来,也会影响某个国家的未来。

或许有人会说我自以为是,但说实话,我觉得那些一大早就玩手机游戏的人,在开始玩之前,应该先点击一个"同意"按钮才能开始游戏。同意什么呢?**同意"未来的生活没有社会保障"。**

早上通过报纸、图书等信息源获取信息,或者进行外语会话练习的人,与一大早就开始沉迷于手机游戏的人相比,前者未来成功的概率显然更高,未来的生活也会得到更多的保障。让那些从早到晚认真努力工作的人来负担沉迷手机游戏的人的未来社会保障费用,这对一个正常的社会来说,是一件极其荒谬的事情。

当然,那些一大早就玩手机游戏的人可能会反驳,但连这种道理都不懂的人应该自我反省,也许他们正是因为不会自我反省,才会变成这样的吧。

当然,在早上就玩游戏的人当中,可能有游戏开发者,也可能有从事体力劳动的人。但是,我认为,一般的脑力劳动者和一般的上班族,如果只是下班回家后稍微玩一会儿手机游戏也就罢了,从早上就开始沉迷手机游戏,实在是不妥当。我的公司的员工中没有这样的人,我客户的公司的员工中应该也没有这样的人。如果一个人工作压力过大,必须通过早上玩手机游戏来缓解,那么我认为他应该考虑换一份工作。

④ 过度使用社交媒体

过度使用社交媒体与过度沉迷手机游戏类似。我也会在社交媒体上发布信息，与朋友进行交流，但是我认为在这些事上花费太多时间是没有好处的。实际上，当下年轻人对社交媒体过度依赖，已经成了全球性的问题。

社交媒体带来的问题之一是大部分人只与兴趣相投、水平相当的人交流，时间一久，我们就会逐渐失去突破自己现状的机会。我认为社交媒体有可能加剧社会阶层的固化。

⑤ 拖延

当下，许多年轻人有拖延的毛病，今天能做的事不能今天完成，总是想着"明天做也没关系"，有时，直到最后期限来临，他们依然在拖延。这也是常见的不良习惯。

这种人往往会拖拖拉拉地加班。现在，许多公司改革了工作方式,严格限制加班。许多管理者本来就不喜欢员工加班,特别是无意义的加班。以我为例,即使我牺牲自己的周末时间去加班,我也不希望看到自己的员工进行无意义的加班。他们这样做,只会增加加班造成的经费开支。

另外,有时候,我们会觉得自己还有时间,想着"离工作截止日期还有一段时间,拖一拖没关系",但可能会有其他的事突然打乱我们的工作安排,比如,意外的工作突然插进来,发生突发事件需要处理,我们自己可能因为事故或疾病无法继续工作等,任何事情都可能发生。而且,无论发生什么事,我们都应该在截止日期前高质量地完成自己的工作,这才是体现我们专业精神的地方。

因此,我们要做到今日事今日毕。**这与性格无关,是习惯问题。**

⑥ 说别人坏话

"说别人坏话"与"消极思考"类似,它与成功人士的"赞扬别人"和"让别人高兴"等习惯正好相反。

如果不加注意，我们很容易就会说别人的坏话。在社交媒体平台上，总是有各种各样的人或公司因为一些小小的言论而被恶意评论，成为许多网民攻击的目标。我想，或许说别人的坏话是人的一种天性。

网上被恶意评论攻击的人，往往是做了不符合大众价值观的事，为了保护自己的正当性，许多网民会去贬低、攻击当事人。在日常生活中，对别人进行道德批判也是我们说别人坏话的一个理由。

另外，许多被恶意评论攻击的人，为了防止自己的声誉受损，有时会通过说攻击者的坏话来降低对方的声誉。在这些攻击中，忌妒也是一个引发互相攻击的常见原因。

总之，我们之所以会说别人的坏话，主要是因为我们先看到的是别人的缺点。如果我们能先看到别人的优点，那么比起说坏话，我们会更多地赞扬别人。遗憾的是，互联网上虽然也有不少赞扬之词，但它们远远不像恶意评论攻击事件那样，能够引起人们的广泛关注。而且，我认为，对做得好的人表示钦佩，而不是忌妒，也是一种有利于获得成功的习惯。

⑦ 消极思考

确实,人们有时是面临选择的:对某个人,是看好的一面,还是坏的一面?对某件事,是找不做的理由,还是找做的理由?依我看,许多人似乎天生就会在积极的事和消极的事之间优先选择消极的事。可能这样选择,他们会觉得"更安全"吧。

当我们想着快乐的事在街上走时,突然被别人撞了一下,而那人连一句"对不起"都没有说就走了,那么我们刚才的快乐就会瞬间消失,我们一下子就不高兴了。

情绪低落时,我们很难想到令人愉快的事,因此,我们有可能会立刻陷入消极思考之中。

不愉快本身并不是问题。在这种情况下,感到不愉快是必然的。重要的是,我们能在最短的时间里切断这种负面情绪。换句话说,我们必须减少自己沉浸在消极情绪里的时长。

因此,年轻的时候,我会在左手的手腕上戴一根橡皮筋,当出现消极情绪时,我就拉一下橡皮筋,弹一下自己的手腕。橡皮筋弹开的那一瞬间,我会感到疼痛。伴随着这种疼痛,消极的情绪也会被切断。我这样做了大约一年。其实,那时的我是个容易钻牛角尖的人,而现在,我有时候还是会钻牛角尖。

近来,每当生气的时候,我会深呼吸。深呼吸后,我的心情通常会平静下来。

消极思考和负面情绪难以避免,关键在于我们如何减少陷入这种情绪的时间。

陷入负面情绪的时间越短,我们就越能积极思考,我们的正面情绪也就越多。

为此,进行积极思考的训练也应该成为我们的一种习惯。

⑧ 敷衍了事

从某种程度上来说,敷衍了事与成功人士经常进行的回顾和反思是相悖的习惯。

敷衍了事也是一种习惯,回顾和反思也是一种习惯。改掉敷衍了事的习惯,养成做完事后立刻回顾和反思的习惯非常重要。

在出版一本书之后，我会反思：这本书为什么能卖出去？那本书为什么卖不出去？通过不断积累这些经验，我可以发现图书市场的规律，提高图书畅销的可能性。

我们在进行电话销售时需要思考：当我这样说的时候，我可能会拿到订单；当我那样说的时候，我可能会拿不到订单。我们在乘坐地铁时需要思考：哪一节车厢方便换乘下一趟地铁？哪一节车厢不方便换乘下一趟地铁？

如果我们对生活中大大小小的事都进行回顾和反思，那么我们的生活就会更便利，我们心里也会感到更踏实。

第三章总结：习惯养成检验表

请选择你想养成的习惯和想戒掉的习惯，坚持四周。

1. 要养成的成功人士的习惯	开始日期
① 在一天结束时，进行回顾和反思。	
② 做笔记。	
③ 主动打招呼。	
④ 立即回复电子邮件。	
⑤ 养成良好的健康习惯。	
⑥ 整理房间。	
⑦ 列出待办事项清单，并确定优先级。	
⑧ 保持笑容。	

习惯养成检验表

第一周	第二周	第三周	第四周

1.要养成的成功人士的习惯	开始日期
⑨ 读书与学习。	
⑩ 技巧与时间管理。	
⑪ 输出。	
⑫ 早起。	
⑬ 积极思考。	
⑭ 让别人开心。	
2.为了成为最好的自己，应该改掉的习惯	
① 熬夜。	
② 暴饮暴食。	
③ 早上玩手机游戏。	
④ 过度使用社交媒体。	
⑤ 拖延。	
⑥ 说别人坏话。	
⑦ 消极思考。	
⑧ 敷衍了事。	

（续表）

第一周	第二周	第三周	第四周

后 记

我担任经营管理顾问已有二十三年。在此，我要感谢我的众多客户的厚爱。他们中的许多人都获得了巨大的成功，有些人仅用几十年的时间就创建了一家上市公司。但也有些人很不幸，他们的企业倒闭了。

我在思考"他们之间有什么不同"时，得出了以下结论：他们之间并没有特别显著的差异。然而，我认为正是一些细微的行动和思考方式的不同，导致他们得到了不同的结果。这些差异积累起来，最终使他们有天壤之别。

在商业上获得成功的经营者和未能获得成功的经营者之间，并没有显著的差异，但有一点决定性的不同，那就是"回顾和反思"。成功的人一定会对自己的言行进行回顾和反思，借此灵活运用过去的经验，并且不断积累新的经验。

然而，那些最终失败的人，往往对自己的言行缺乏足够的回顾和反思。他们过于自信，总是认为自己是正确的。即使失败了，他们也会将原因归咎于他人或环境，比如"因为经济不景气，所以公司倒闭了"。但是，经济恶化并不是只发生在某一个人身上。

因为他们平时没有对自己的言行进行回顾和反思，所以无法灵活运用过去的经验，也没有做好应对风险的准备。

创业后立即面临经济恶化的情况也是有的。即使如此，只要我们多学习相关知识和别人的经验，向成功的前辈学习，就能制订出一系列的对策。学无止境，不学习实际上也是不够诚实和谦虚的表现。

正如本文所述，无论在顺境还是在逆境，我们都必须进行回顾和反思，要时刻思考自己哪里不足，并养成弥补自己不足之处的好习惯。因此，我们要有诚实和谦虚的品质。

据说，松下幸之助每天早晨都会对自己说："今天一整天都要诚实、谦虚。"他也会在晚上睡觉前回顾自己今天是否真的做到了诚实、谦虚。诚实和谦虚也可以通过回顾和反思变成我们的习惯。

即使是做同样的事,有些公司表现优异,而有些公司则不尽如人意。同样,在做同样的事的人之间,也存在显著的差异。那么,原因是什么呢?我们明明每天都在做类似的事情。

例如,日本最大的便利店是7-11便利店,其单店日均销售额长期以来约为六十五万日元,而紧随其后的便利店的单店日均销售额约为五十五万日元,这一情况长期保持不变。

7-11便利店的选址、店面设计和销售的商品与其他便利店相比并没有很大的差异。然而,它们的单店日均销售额却有相当大的差异。

这种差异源于不同商家对细节的把握。

"做类似的事"和"做同样的事"是不同的。

"迈出一步"是成功的关键。

在培养习惯时,即使是做类似的事情,也要看能否再多"迈出一步"。将这"迈出一步"的努力变成习惯,是成功的关键。

我衷心希望读完本书的朋友能够将成功人士的行为方式和思考方式变成自己的习惯,在人生中收获成功和幸福。

感谢一直以来支持和帮助过我的朋友们,在此,我向他们表示衷心的感谢!

小宫一庆

2018年晚秋